그곳에서 자연과 예술을 보다

남기수 기자의 여행 에세이

그곳에서 자연과 예술을 보다

초판 1쇄 인쇄 | 2012년 7월 2일
초판 1쇄 발행 | 2012년 7월 7일

지 은 이 | 남기수
대　　표 | 김남석
펴 낸 이 | 김정옥
기　　획 | 미래산책
편　　집 | 박수로, 김현종, 박지숙, 이은서, 김현실

펴 낸 곳 | 우리책
주　　소 | 135-231 서울시 강남구 일원동 640-2
전　　화 | 02-2236-5982(대)
팩시밀리 | 02-2232-5982
등록번호 | 등록 제2-36119호

값 16,000원

ⓒ2012, 남기수

ISBN 978-89-90392-28-2 03980

남기수 기자의 여행 에세이

그곳에서 자연과 예술을 보다

우리책

삶을 풍부하게 만드는 스승, 여행

　내가 국내외 여행지를 두루 취재하여 독자에게 전달하는 여행 전
문 기자 일을 하다 보니 여행에 관심 있는 사람들로부터 관련 질문을
받을 때가 종종 있다. 질문자 중에는 당일치기나 1박 2일 정도의 단
순 여행을 계획하고 있는 사람도 있고, 오랜 기간 많은 경비를 들여
해외여행을 시도하려는 사람도 더러 있다. 이는 사전에 여행지의 면
모를 알고 가는 것이 여행을 즐기고 현장을 이해하는 데 크게 도움이
되기 때문이다.

　질문의 내용은 대체로 비슷하다. 어느 나라 어느 곳 어떤 것이 좋은
가, 꼭 먹어 봐야 할 별미는 무엇인가, 어떤 것을 쇼핑하면 싸고 좋은
가 등이 그 요지다. 그럴 때마다 나의 대답도 비슷하다. 우선 마음에
두고 있는 여행지가 있는가, 여행 목적이 무엇인가, 경비 한도는 얼
마인가, 개인 또는 단체 여행인가 등을 되묻는다. 특히 개인여행(FTI)
을 하려는 사람에게는 연령대, 여행 동기, 여행에서 추구하고자 하는
의미 등을 물어보고 나서 거기에 걸맞은 여행지 두서너 곳을 추천해
준다. 그런 후에 여행지의 역사와 문화를 알고 그것이 그곳 국민 또
는 주민에게 어떤 영향을 주었으며, 그 영향이 인간에게 주는 교훈은
무엇인가, 여행자 본인의 삶에 어떤 연관이 있는가 등을 염두에 두고
여행을 즐기라고 말한다.

여행의 역사를 보면 단순히 보는 여행으로부터 체험 여행으로, 체험에서 느낌으로(낭만), 느낌에서 역사·문화로(정서), 문화에서 개인의 삶과 연결로(철학) 시대에 따라 변천해 왔다. 이를테면 직접적인 현상에서 문화적인 감성으로 여행자의 니즈가 바뀌고 있다는 것이다. 이런 여행자의 니즈를 이용해 세계 여러 나라들은 관광산업이라는 고부가가치 산업으로 연결시켜 경제적인 가치를 창출하고 있다. 하지만 여기에는 나라마다 역사·문화·관광자원 등이 천차만별이기 때문에 쌍방이 보이지 않은 경쟁과 함께 긴밀한 협력이 필요하다. 이는 여행 주체가 사람이므로 국제간 관광산업 동반 발전을 위한 진정한 협력은 여행객 교류이기 때문이다. 이 교류를 위해 상대가 보유한 관광자원을 서로 알리는 역할이 중요하다. 그 방법으로는 여러 가지가 있겠으나, 그중 신문 매체가 일익을 하고 있어 여기서 신문 기사에 대해 잠깐 짚고 가려 한다.

이는 지극히 사적인 소견이지만, 현재 국내외 여행지를 소개하는 신문 기사를 보면 여행지에 가고 오는 방법, 무엇이 볼 만하고, 어떤 음식이 좋고, 특산물 쇼핑은 어떻고 등의 단순 정보 수준에 지나지 않는 기사들이 허다하다. 이런 정도의 정보 수준은 인터넷에도 수없이 올라 있을 뿐만 아니라 변화하는 여행 패턴에도 맞지 않은 무성의한 기사가 되어 버린다.

　이렇게 무성의한 기사가 되는 데는 크게 두 가지 원인을 들 수 있다. 우선 한정된 지면이다. 한정된 지면은 기자들의 깊고 풍부한 현장 체험과 느낌을 모아 독자에게 전하고 싶어도 원천적으로 불가능하게 만든다. 또 하나는 기사를 생산하는 기자의 여행지에 대한 공부 부족에서 오는 안일한 기사 쓰기이다. 여행 관련 기사를 쓰면서 여행지의 음양을 깊게 보지 않으면 자칫 여행객을 위한 정보가 아닌 여행지를 위한 정보로 변질되는 경우가 생긴다. 지금의 독자들은 보고 듣는 정보 이외에도 낭만과 문화의 경험, 삶의 질을 연결하는 철학까지도 요구하고 있다. 그럼에도 일부 기사는 여러 이유를 들어 해당 기관이나 지역에서 보낸 자료를 그대로 옮겨 놓아, 급기야는 기사의 품격을 하락시키고 신뢰도까지 의심받는 사태로 발전한다. 사실 이 글을 쓰는 필자도 여행 전문 기자로 다년간 여행 기사를 취급했기에 한편으로는 송구스럽기 그지없다.

　이 책 《그곳에서 자연과 예술을 보다》에 담긴 여행지는 그동안 현장을 취재한 60여 곳의 외국 여행지 중 4개국 여행지를 선정한 것이다. 현장에서 듣고 본 직접적인 정보에다 신문에서 다하지 못한 그곳에서 본 자연과 예술에 소프트웨어적인 감성을 가미하면서 주제에 어굿나지 않은 여행기를 쓰려고 노력했다. 특히 필자 자신이 직접 현장에서 촬영한 사진을 요소요소에 첨부하여 현실감을 높였다.

독자 여러분께서 설사 이 책의 여행지를 방문하지 않았다든가, 방문할 필요가 없다 해도 책 속에 수록된 내용이 자신의 삶과 연결될 수 있는 실마리가 되어 주었으면 하는 간절한 마음에서 이 글을 쓰게 되었다.

여행은 분명 우리 삶을 풍부하게 만드는 훌륭한 스승이다. 여행을 사랑하는 사람은 자연을 사랑하고 인간을 사랑한다. 그는 감성 있는 사람으로 낭만과 진실을 추구하는 멋쟁이이다. 또 여행은 평생 잊지 못할 추억과 함께 삶의 질을 높이는 도구이다.

끝으로 이 책을 내기까지 물심양면으로 협력해 주신 해당 국가 대사관, 관광청 대표와 담당자, 그 외 관계자 여러분들에게 깊은 감사를 드린다.

신사동 글방에서

차 례 Contents

Australia

노던 테리토리 이야기 〉 Northern Territory Story

Chapter 1 〉 톱 엔드로의 여행을 준비하다
호주 관광청에서 온 초청장 · 012 / '무탄트 메시지'의 나라 · 020

Chapter 2 〉 첫째 날, 다윈으로 가는 길
톱 엔드로의 여행을 시작하다 · 023 / 다윈으로 가는 길 · 028
호주 북부의 문화도시 다윈 · 033 / 헬리콥터에서 개미집 사열을 받다 · 037

Chapter 3 〉 둘째 날, 푸두컬 습지대에서
모험 여행은 이제부터 · 044 / 푸두컬 습지대에서 · 049
푸두컬 습지대의 원주민 · 054 / 원주민과 함께 우주의 참소리를 듣다 · 059

Chapter 4 〉 셋째 날, 메리 리버와 악어
리치필드 국립공원의 폭포를 찾아 · 066 / 그림 속 풍경 플로렌스 폭포 · 070
메리 리버와 악어 · 075

Chapter 5 〉 넷째 날, 카카두 국립공원에서
카카두 국립공원으로 · 081 / 애버리지니 록 아트에 가슴 설레며 · 085

노던 테리토리 톱 엔드 여행을 다녀와서 · 091

Czech

가을빛이 내린 체코 〉 Autumn light put out by the Czech

Chapter 1 〉 천년의 역사가 숨 쉬는 예술의 도시, 프라하
동경의 여행지, 프라하에 도착하다 · 096 / 체코 관광은 음악·문학·건축에서 시작된다 · 103
보헤미안의 낭만이 서린 블타바 강 · 106 / 야외 미술관을 떠올리게 하는 카를대교 · 111
프라하의 자긍심, 바츨라프 광장 · 120

Chapter 2 〉 중세 유럽의 미를 간직한 구시가지 광장
천문시계와 눈 먼 시계공의 전설 · 124 / 중세 유럽 건축물들의 집결지, 프라하 성 · 130
성인들의 혼이 깃든 성 비투스 대성당 · 134 / 황금소로와 달리보르 탑 · 137

Chapter 3 〉 프라하보다 더 아름다운 전원 마을, 브르노
보헤미아의 영화가 녹아 있는 브르노 · 142 / 크로메리츠 궁정과 와인 저장실 · 145

Chapter 4 〉 체코 예술을 반석 위에 올린 인물들
체코의 지성, 프란츠 카프카 · 151 / 체코 음악의 아버지, 베드르지흐 스메타나 · 154
체코를 사랑한 음악가, 안토닌 드보르자크 · 157 / 아르누보의 거장, 알폰스 무하 · 160

체코 여행을 마치며 · 163

피오르의 나라 노르웨이 〉 Fjord Country Norway

Chapter 1 〉 예술과 낭만의 도시 오슬로
바이킹과 그리그를 찾아서 · 166 / 빙산이 떠내려가는 모습의 오페라하우스 · 179
인간의 애환을 담은 비겔란 조각 공원 · 185 / '오딘'의 용감성이 흐르는 바이킹 · 191
노벨평화센터와 뭉크 박물관 · 199

Chapter 2 〉 노르웨이 인 어 넛셀, 신의 작품 피오르를 만나다
오슬로에서 뮈르달로 · 206 / 뮈르달에서 플롬으로 · 209
플롬에서 구드방엔으로 · 210 / 구드방엔에서 보스를 거쳐 베르겐으로 · 214

Chapter 3 〉 브리겐의 향수가 깃든 베르겐 항
노르웨이 제2의 도시 베르겐 · 220 / 600년의 역사를 간직한 브리겐 · 225
생선처럼 팔딱이는 베르겐 어시장 · 229

Chapter 4 〉 노르웨이의 작은 거인 그리그
그리그의 생가와 시극 페르귄트 · 234 / 그리그는 살아 있다 · 238

노르웨이 여행을 마치고 · 248

포르모자의 섬 타이완 〉 Fort Hat Island Taiwan

Chapter 1 〉 행운 여행, 타이완을 뽑다
행운의 타이완 여행권 · 252 / 시골 정서가 담뿍 담긴 가오슝 · 260
타이둥으로 가는 길 · 275 / 뤼다오에 얽힌 사랑 이야기 · 283
동양의 그랜드캐니언 타이루꺼 협곡 · 288 / 가오슝에서의 마지막 밤 · 296

Chapter 2 〉 타이완 웰빙 여행
세계적으로 이름난 타이완 보양식 · 299 / 차 중 최고의 차, 동방미인차 · 303
수질 좋은 온천 천국 타이완 · 306

Chapter 3 / 타이완의 관광정책
시각 장애 안마사를 관광과 연계하다 · 308

Northern Territory Story

Australia
Northern Territory
Sydney
Darwin

Australia

노던 테리토리 이야기

Chapter 1
톱 엔드로의 여행을 준비하다

호주 관광청에서 온 초청장

호주 여행은 3년 전 서호주의 주도(州都) 퍼스(Perth) 지역을 다녀오고 나서 두 번째 여행이다. 퍼스 지역을 여행했을 때의 첫 기억은 "우아, 참으로 땅이 넓다!"라는 외침이었다.

호주는 우리나라와는 달리 산이 거의 보이지 않는 드넓은 평원의 나라였다. 몇 시간쯤 차를 타고 달려야 작은 마을을 볼 수 있을 정도로 사람 사는 마을이 드문드문 존재했다. 하기야 국토가 넓은데 빽빽하게 살 필요가 있을까.

와인의 도시 스완밸리(Swan Valley)로 가는 길에는 무지갯빛 깃발이 여기저기 휘날리고 있었다. 이는 와이너리(winery, 포도주를 만드는 포도원 또는 양조장)가 있다는 것을 알리는 표지였다. 해 질 무렵, 마을 어귀 나무 그늘에 앉아 와인 잔을 기울이던 사람들의 여유로운 모습이 아직도 눈에 선하다. 허구한 날 헐레벌떡 뛰어다니며 복잡한 생활에 익숙해진 나에게 그때 그 모습들은 이 세상이 아닌 별천지의 경이로움이었다.

호주는 지구 남반부에 위치한 거대한 섬나라이다. 국토에 비해 인구가 많지 않고, 해양성기후의 영향을 받아 연평균 기온이 섭씨 25도 전후인 지역이어서인지 많은 것에서 여유가 넘친다. 이번 여행지인 톱 엔드 노던 테리토리(Top End Northern Territory)는 호주에서는 북쪽에 위치하고 있지만 적도에 가까워 기온은 다른 도시보다 높은 편이다. 지리적으로도 인도네시아, 말레이시아, 싱가포르, 필리핀 등과 가까워 그곳 사람들이 많이 살고 있다.

사실 호주의 역사는 그리 오래되지 않았다. 호주의 초기 이민자들도 유럽에서 유배된 죄수였다. 그러기에 역사적 유물이나 전통적인 고유문화는 그리 많지 않다. 그러나 광활한 대륙과 태곳적 자연, 원시 동식물 등이 그대로 보존, 서식하고 있는 자연의 보고이다. 특히 호주 톱 엔드 지역은 5만여 년을 살아온 원주민의 문화가 그대로 보존되고 있어 새로운 가치 해석이 필요한 곳이다.

노던 테리토리를 여행하게 된 데에는 나름대로 사연이 있었다. 언제가 호주 정부 관광청이 주관하는 호주 관광 홍보 행사에 참석했을 때이다. 관광청은 참석자들에게 호주의 여러 관광지를 소개하였는데, 그중에서 호주의 북부 지방에 강한 인상을 받았다. 그곳은 태곳적 자연과 그 지역에 거주하는 원주민의 고유한 전통과 문화가 고스란히 남아 있었기 때문이다.

　마침 호주 관광청 한국 지사장인 C씨와 내가 한 테이블에 자리했다. 거기에서 나는 호주 노던 테리토리 톱 엔드의 순수 자연과 그곳에 거주하는 원주민들의 문화와 삶을 취재하고 싶다며 그곳을 관할하는 행정관청과 단체의 연결을 부탁한 일이 있었다. 이는 여행 전문 기자로서 널리 알려진 도시로의 여행도 좋지만 그렇지 않은 오지 탐험에 도전하고 싶은 욕망이 있었기 때문이다. 자연과 함께 사는 원주민, 현대 문명과 동떨어진 사람들의 독특한 문화와 삶을 체험하고 싶었다. 특히 그들의 종족 번식 및 유지를 위한 관습과 문화 등을 직접 듣고 보고 싶었다.

　그로부터 2, 3개월이 지난 어느 날, C 지사장으로부터 연락이

왔다. 호주 정부로부터 노던 테리토리 지역과 그 지역 원주민을 만날 수 있는 취재 승낙이 떨어졌다는 내용이었다. 단 여행을 다녀온 후 여행기를 신문 기사화해야 한다는 조건이었다. 사실 C 지사장에게 도와달라고 한 배경에는 노던 테리토리의 천년 관광자원을 취재해 우리나라에서 기사로 쓰겠다는 의미였으니까 그거야 당연한 일이 아닌가.

나중에 알았지만 호주 정부에서 노던 테리토리 지역의 취재를, 그것도 나 혼자에게만 허락하기까지는 상당한 어려움이 있었는데 C 지사장의 도움으로 성사되었다고 들었다. 물론 호주 정부

노던 테리토리

오스트레일리아 북부의 자치적인 준주이다. 노던 테리토리의 면적은 약 135만 km²이고, 톱 엔드는 40만 km²이다. 서울 면적이 약 10만 km²이니 그 넓이를 짐작할 수 있다. 노던 테리토리는 북쪽으로 티모르 해와 아라푸라 해, 동쪽으로 퀸즐랜드 주와 카펀테리아 만, 남쪽으로 사우스오스트레일리아 주, 서쪽으로 웨스턴오스트레일리아 주 등과 경계를 이루고 있다. 주요 도시로는 다윈(Darwin)과 앨리스스프링스(Alice Springs)가 있다. 주민들은 영국계 백인들이 다수이나, 호주 원주민들과 동남아시아(특히 인도네시아와 동티모르 출신) 이주민들도 많이 살고 있다. 관광이 주요 산업 중 하나이다. 특히 준주의 남쪽에 있는 거대한 바위인 울루루(높이가 348m, 둘레가 9.4km에 이름)와 카카두 국립공원 등은 노던 테리토리의 필수 관광지로 손꼽힌다. 갖가지 풍경, 장대한 폭포들, 드넓은 땅, 호주 원주민의 문화, 더럽히지 않은 야생은 관광객들에게 독특한 경험을 가져다준다.

관광청에서도 이런 기회에 그곳 관광지를 한국 관광 시장에 홍보하겠다는 의도도 섞여 있었다.

노던 테리토리 지역의 관광지는 유럽의 대다수 나라와 우리나라와 이웃한 일본까지는 어느 정도 소개되어 있었다. 이곳으로 오는 외국 방문객 수가 연간 약 33만여 명으로 국가별로는 영국 관광객이 가장 많고, 그다음으로 독일, 미국, 일본, 프랑스순이다. 이웃 일본은 3만여 명, 한국은 3천여 명 정도로 우리에겐 아직 관심 밖의 여행지였다. 그나마 이곳을 방문하는 한국 관광객 대부분은 모험을 추구하는 자유 여행객으로, 기온도 높을 뿐만 아니라 워낙 척박한 오지이기에 오지 탐험을 즐기는 마니아들이 찾고 있었다.

그로부터 며칠 뒤, 호주 정부 관광청으로부터 방문 일정 및 항공편, 숙소 등 여행에 필요한 모든 지원 사항이 상세히 기재된 통지문을 받았다. 일종의 초청장인 셈인데, 통지문의 앞부분에 중요한 내용을 요약해 보내왔다. 내용을 간추리면 이러하다.

통지문을 받고부터 기대 반 두려움 반에 가슴이 떨렸다. 왜냐하면 원하던 오지 체험 여행이 성사됐다는 기쁨도 있었지만, 통지문 내용대로라면 상당한 고통을 겪어야 하기에 그에 대한 두려움도 있었기 때문이다.

그래도 이것이 얼마나 어렵게 얻은 기회냐. 수박 겉핥기식 여행이 되지 않게 하려고 그 지역 특색과 문화에 관한 정보를 공부하

INVITATION

노던 테리토리에 초청합니다.

여행 일정과 유의 사항은
노던 테리토리 주정부 관광청(Tourism NT)이 준비한 것입니다.

★**여행 지역** : 노던 테리토리

★**여행 지역 기후** : 최하 평균기온 섭씨 25.5도, 최고 평균기온 34.3도

★**준비해야 할 물품** : 이동이 많은 일정에 알맞게 편안한 의복과 신발,
모자와 자외선 차단 크림, 곤충 퇴치용 스프레이나 로션, 물병을 담고
달고 다닐 수 있는 작은 배낭 등

★**참고 사항** :
– 여행 시 탈수 방지를 위해 충분히 물을 마실 것
– 여행 기간이 우기이므로, 홍수로 인해 도로나 지역이 폐쇄되는 경우
  일정이 변할 수도 있음을 숙지하실 것
– 이번 일정 안내는 귀하께서 노던 테리토리에 머무는 동안 최상의
  경험을 할 수 있도록 짜였습니다.

기 시작했다. 외국 여행을 계획할 때는 해당 국가와 여행지의 역사, 문화, 관광 자원 등 사전 정보를 얻는 것은 여행지를 이해하는 첩경이다. 이것은 일반 관광객도 그렇지만 여행 기자로서는 필수 행위이다. 특히 이번 같은 오지 탐험에는 여행의 두려움을 다소 누그러뜨리는 방법이기도 했다.

우리나라 사람들에게 "호주 하면 무엇이 떠오르느냐?"라고 물으면, 대부분은 시드니 항 바다 위에 떠 있는 오페라하우스와 초원의 캥거루를 떠올린다. 그리고 조용하고 자유로운 천혜의 관광지라서 신혼 여행지로 적합한 곳이라고 대답하기도 한다. 그 이유는 적당한 기온과 아름다운 해안선에서 젊음을 만끽할 수 있고, 생소한 자연경관과 이국적인 볼거리, 그리고 그곳 사람들이 누리는 여유로움 등의 매력이 있기 때문일 것이다. 그러나 이 정도로 호주를 얘기하는 것은 다소 미흡하지 않을까 싶다.

호주의 역사를 짚어 보려면 몇만 년 전부터 이곳에 거주하던 원주민으로 거슬러 올라가야 한다. 이곳 원주민은 고대 인류와 DNA가 가장 비슷하고 황인종의 한 갈래로 문명이 발달한 종족이었다. 고고학적 조사에 의하면 이들은 동남아시아 특히 인도네시아에서 건너온 민족이라고 추정하고 있다. 처음 유럽인들이 호주를 발견했을 때 약 100만 명의 원주민이 300여 개의 부족국가를 형성하고 있었다. 그러나 문자로 기록된 이 나라의 역사는 17세기경 네덜란드 탐험가들이 처음으로 이 대륙을 발견한 시기로부터 시작된다. 1770년에 영국의 선장 제임스 쿡이 본격적으로 이곳을 탐험한 이래, 영국 죄수들의 유입이 시작되었다. 1776년 영국은 죄수 폭증과 미국 독립혁명으로 없어진 유형지를 뉴사우스웨일스 주(지금의 호주)에 건설했다. '오스트랄리아'라는 국명은 그리스의 철학자가 생각했던 남쪽 대륙 테라아우스트라리스에서 유래되었다. 그로부터 2년 후인 1788년 1월, 아서 필립이 이끈 11척의 배에

오스트레일리아(Australia, 호주)

오스트레일리아 대륙의 대부분을 차지하는 영연방의 자치국가. 1788년 이후 영국의 식민지였으나 1901년에 6개 주로 연방을 결성, 1926년에 사실상의 독립국이 되었다. 양모와 밀, 가축 등을 많이 생산하고 지하자원이 풍부하다. 주민은 대부분이 영국계 백인이고 주요 언어는 영어이다. 수도는 캔버라, 면적은 약 770만 ㎢나 되어 러시아, 캐나다, 중국, 미국 그리고 브라질 다음으로 넓고, 해발 평균 고도가 330m로 세계에서 가장 낮은 대륙이다. 또 넓은 땅에 비해 인구는 겨우 약 1800만 명으로 우리나라 남한 인구의 1/3이 조금 넘는다.

호주의 행정구역은 뉴사우스웨일스 주, 퀸즐랜드 주, 빅토리아 주, 사우스오스트레일리아 주, 웨스턴오스트레일리아 주, 태즈메이니아 주, 노던 테리토리 특별지역, 오스트레일리아 수도 특별지역으로 6개 주와 2개 특별지역으로 이루어졌다. 각 주마다 총독, 수상, 내각, 의회를 갖추고 있는 독립된 연방 국가이기는 하나 영국의 엘리자베스 여왕을 원수로 둔 입헌 군주국으로 연방 총독 및 각주 총독은 영국 왕에 의해 임명된다. 여기에 말한 특별지역은 다른 주에 비해 인구와 산업 발전 등 여러 분야에서 주보다는 한 단계 하급으로, 호주 연방 정부의 통제를 받는 곳이다.

1500명의 죄수를 태운 첫 함대가 시드니 항구에 도착했다. 그리고 마지막 죄수 호송이었던 1868년까지 약 16만 명에 달하는 죄수들이 이곳으로 유입되었다. 그때부터 원주민들은 서양인들에게 밀려 삶의 터전을 버리고 오지로 떠돌다가 1901년 1월 1일에 영연방의 일원이 되었다.

그 후 호주 국민들은 1, 2차 세계대전에 약 40만 명 정도가 참전하여 그중 6만여 명이 전사했으며, 한국전쟁에도 우방으로 참전하여 339명이 전사했다는 기록이 남아 있다.

'무탄트 메시지'의 나라

노던 테리토리로의 여행을 준비하고 있을 무렵이다. 우리 문단의 원로이신 M 선생 내외와 점심을 하게 되었다. 내외는 모두 소탈하신 분들이라 고급스러운 음식점에서의 외식을 권했으나 굳이 냉면집이 좋다고 하셨다. 냉면을 앞에 놓은 자리에서 그분들께 오지 여행 계획을 말했더니, 당신도 젊고 건강하다면 그런 모험을 하고 싶다며 책 한 권을 추천해 주셨다.

말로 모건이 쓴 소설 《무탄트 메시지(Mutant Message)》였다. 이 소설의 내용은 대충 이렇다.

예방의학을 전공한 미국 캔자스시티 출신의 백인 여의사 '말로 모건'이 호주에서 의료 활동을 한다. 어느 날, 그녀는 원주민인 '참사랑 부족' 62명과 함께 4개월에 걸쳐 사막 여행을 한다. 그녀는 원주민들의 독특한 문화와 자연과 함께 여행하며 체험한 그들의 지혜를 생생하게 기록하였다.

여기에서 '무탄트'라는 말은 돌연변이를 뜻했다. 원주민들은 말한다. 지구상에 인간이 처음 생존했을 당시의 모습은 지구의 모든 생물과 똑같은 생활 모습이었다고. 특히 그 당시 인간은 자연과 인간, 인간과 인간이 공생하는 삶을 살았다고. 그러나 시간이 흘러가며 문명인(여기에서는 백인)이라 자칭하는 사람들은 개인의 편리함과 승부에 집착하고, 자신들이 만든 문명에 의한 자기 파괴, 자기 이익을 위한 타생명의 살상에 몰두하는 인간들로 변해 갔다는 것이다. 그래서 그들은 백인들을 보고 인간 본질이 파괴된 돌연변이 인간이라는 뜻으로 무탄트라 했다. 그러나 자칭 문명인들은 원주민들을 보고 아무 쓸모없는 미개인 또는 문명이나 문화가 없는 저속한 인간으로 여긴 것도 사실이다.

이 책에서 원주민은 먹을거리가 풍부한 해안가와 물과 식물이 번성하던 땅에서 평화롭게 살았다. 그런데 백인이 침략하여 총과 칼로 원주민들을 무자비하게 살상했고, 삶의 터전에서 쫓아내 사막과 내륙을 떠돌게 만들었다. 하지만 원주민들은 침략자인 백인들을 향해서도 관대했다.

"우리는 당신들(백인)의 방식에 동의하지도 않고 또 받아들이

지도 않지만, 그렇다고 해서 당신들을 저주하지도 않습니다. 우리는 당신들의 입장을 존중합니다. 당신들 종족을 축복하고 당신들 종족이 한 일을 용서합니다. 그래서 이 길을 지나감으로써 우리는 보다 나은 존재가 되는 것입니다."

원주민들은 사막 한가운데에서 어렵게 물을 만나도 다른 동물들이 마실 물을 남겨 두는 것을 잊지 않는다. 식물과 열매를 발견하면 그들이 번성할 종자와 뿌리를 남기는 일도 잊지 않는다. 우주에 사는 모든 생물은 공존해야 한다는 것이 그들의 신념이었다.

나는 이 책을 읽은 후 노던 테리토리에 대한 동경이 더 깊어졌다. 그리고 그런 체험담을 쓰고 싶은 충동이 일기 시작했다. 그래서일까. 나에게 역마살이 뻗친 것인지, 조상에게 없던 역마살 유전자가 새로 생긴 것인지, 2주 전에도 30도 중반을 오르내리는 태국 치앙마이에 다녀왔는데, 피로는커녕 기운이 펄펄 나는 것 같았다. 어쩌면 여행은 젊음을 가져다주는 약인지도 모르겠다. 연거푸 이어지는 외지 취재가 무리일지는 모르겠으나 새로운 곳의 풍물과 문화를 배우고, 그것을 독자들에게 알리는 작업이 나에게는 일에 대한 성취감은 물론 건강과 젊음을 유지시키는 한 방편임이 분명했다. 나는 흥분과 기대로 호주 노던 테리토리 톱 엔드 여행 준비를 차곡차곡 해 나갔다.

Chapter 2
첫째 날, 다윈으로 가는 길

톱 엔드로의 여행을 시작하다

온 천지가 단풍으로 물들어 가는 11월 중순 오후 7시 50분. 인천공항의 유리벽 너머로 잘 익은 주황색 황혼이 내려앉고 있었다. 내가 타야 할 비행기 탑승권은 호주 국적기인 퀸태스항공 QF368이었으나, 아시아나항공과 퀸태스항공의 협약으로 우리 국적기인 아시아나항공에 편승했다. 오랜 시간 비행기를 타고 여행할 경우에는 우리 국적기가 다른 나라의 비행기보다 훨씬 좋다. 기내 음식도 입에 맞을뿐더러 언어 소통에도 저항이 없기 때문이다. 더욱이 우리나라 스튜어디스들은 다른 나라의 스튜어디스들보다 훨씬 친절하고 아름답다.

인천공항을 출발한 비행기는 밤새 하늘을 날았다. 호주 시드니 킹스퍼드 스미스 공항에 도착한 것은 출발로부터 약 11시간 후인 이튿날 아침 8시가 조금 지나서였다. 목적지 다윈은 노던 테리토리의 주도(主都)이다. 우리나라에서 다윈까지 가는 직항 노선은 없었다. 다윈으로 가려면 시드니를 거쳐 다시 호주 국내선으로 환승하여 가야만 했다.

공항 출구를 빠져나온 시간이 현지 시간으로 9시였다. 서울과 시드니의 시차는 공식적으로는 1시간이지만 시드니의 서머타임제로 2시간의 시차가 발생했다.

짐이라야 여행용 가방에 넣은 갈아입을 옷가지와 세면도구, 소화제 외 구급약품, 기타 일상 용품 등이었다. 카메라와 망원렌즈, 액세서리 같은 취재용 장비는 전용 배낭에 넣어 어깨에 둘러메었다. 그 무게가 만만치 않았다.

공항 대합실에는 여느 나라 공항과 마찬가지로 마중 나온 사람들로 붐볐다. 찾는 사람의 이름이 적힌 피켓을 든 사람도 있고, 단체 여행객을 마중하는 사람도 있었다. 멀찌감치 서서 나오는 사람들의 얼굴을 이리저리 살피는 사람도 있었다.

외국 여행을 하다 보면 도착 공항에 마중 나올 사람이 없다는 것을 뻔히 알면서도 행여 마중해 줄 사람이 있었으면 하는 바람이 생긴다. 그래서 그런지 도착지 공항을 나올 때마다 마중 나온 사람들 사이로 눈동자를 꽂는 것이 버릇처럼 되어 버렸다.

시드니 공항에서도 마찬가지였다. 나를 찾는 사람이 있는가 싶어 이리저리 둘러보았다. 그런데 이게 어인 일인가. 키가 나지막한 중년 남자가 대합실 저편에서 내 이름이 적힌 피켓을 들고 있지 않은가. 전혀 면식이 없는 사람이었다. 동명이인이 아닌가 싶기도 했지만 그에게 다가갔다.

"제가 한국에서 온 남기수입니다."

"어서 오세요. 이재철입니다. 오시느라 수고가 많았습니다."

내가 말을 건넸더니 그도 반가이 인사했다. 마중하는 사람이 내가 맞았다. 생소한 지역에서 나를 도와줄 우군을 만난 셈이다. 반갑고 고마웠다. 나는 반가운 표시로 악수하는 손에 힘을 가했다.

이재철 씨는 시드니에 거주하는 한국인으로 여행에 관련된 일을 하고 있었다. 내가 시드니에 머무는 하루 동안 공항 픽업 및 시내 관광의 편의를 제공해 주도록 C 지사장이 부탁했다고 하였다.

'C 지사장이 나를 위해 신경 쓰셨구나. 고마워요, C 지사장!'

나는 배려해 준 그에게 고마움을 마음속으로 전하였다.

공항 건물 밖은 남방의 더위로 후끈했다. 하늘은 높고 맑았다. 서울의 날씨가 제법 쌀쌀하였기에 조금은 두터운 점퍼를 입고 있었는데 얇은 옷으로 갈아입어야 될 것 같았다. 마침 이재철 씨가 소형 승합차를 가지고 나왔기에 차 안에서 옷을 갈아입었다.

차는 곧 다운타운으로 향했다. 공항에서 다운타운까지는 약 14km의 거리로, 다른 나라에 비해 가까운 편이었다. 또 하룻밤 묵을 호텔도 시내 중심부에 있었다. 나는 먼저 호텔에 들러 체크인을 하고 바로 시드니 시내 관광에 들어가기로 했다. 내일이면 다윈으로 가야 하기에 오늘 남은 시간을 최대한 이용하기로 한 것이다.

시드니 항구 광장 뒤로 오페라하우스가 보인다.　크루즈선이 정박한 항구에서 기타를 치는 무명 가수

　　시드니는 초행이었다. 인구 20만의 도시, 세계 3대 미항 중의 하나인 시드니의 인상은 맑고 깨끗했다. 그리고 아름다운 도시였다. 우윳빛으로 칠해진 밝은 빌딩들은 푸른 나무숲과 멋스럽게 어우러졌다. 기후 탓인지 나뭇잎들이 녹음 그대로였다.

　　육지 깊숙이 들어선 항구와 그 양쪽으로 낮은 산 같은 언덕이 병풍처럼 둘려 있었고, 배가 드나드는 굴곡진 항구는 마치 길쭉한 운하 같았다. 시드니 항구 하면 야외 오페라하우스가 먼저 떠오르지 않는가. 물 위에 뜬 야외 오페라하우스 외형은 마치 조개껍데기를 여러 개 포개 놓은 듯 건물이라기보다 예술 작품이라는 말이 어울릴 것 같았다. 언덕 아래 늘어선 고전적인 건물과 근래에 건축된 현대적인 건물이 서로 조화를 이뤄 세계적인 미항의 품격을 한껏 높였다.

　　흰 돛을 높이 올린 요트가 하얀 물살을 내뿜으며 빠르게 지나갔다. 〈캐리비언 해적〉에 나오는 범선이 유유히 항구를 흘러갔다. 범선은 호주 대륙을 발견했을 당시의 탐험선 모습을 그대로 재현했다. 승선한 어린이들을 위해 애꾸눈 눈가리개를 나누어 주면서, 그 옛날 호주 탐험의 역사를 상상케 한다고 했다. 가족용 요트도 대여할 수 있다. 도심 중앙에 있는 하이드 파크 벤치에서 망중한을 즐기는 사람들의 여유로운 모습은 이곳 시드니의 정서를 그대로 보여 주고 있었다.

해 질 무렵의 시드니 항구는 금빛 옷으로 갈아입고 가벼운 율동을 시작하고 있었다. 항구 주위에 들어선 오래된 건축물도, 항구에 정박한 선박들도 날개를 편 갈매기까지도 황금빛에 젖어 들었다. 3만 톤이 넘을 듯한 큰 여객선에서 뚜우우~ 하고 울리는 굵고 낮은 기적 소리가 하늘을 갈라놓았다. 정박 로프를 매는 쇠말뚝인 계선주에 걸터앉아 기타 치는 청년 앞에서 각선미를 뽐내는 젊은 여인이 기타 현음을 마시려는 듯 가슴을 내밀었다. 부두 앞 잔디 위 긴 의자에 다리를 꼬고 앉은 노신사의 머리 위로 괭이갈매기 한 마리가 유유히 날아갔다. 항구 뒷골목 노천카페에는 남녀 여

시드니 항구브릿지 아래 60대 중년의 그림을 그리는 화가

시드니

시드니(Sydney)는 오스트레일리아 뉴사우스웨일스 주의 주도이다. 오스트레일리아 남동 해안을 끼고 있는 중요한 항구 중 하나이며 세계 3대 미항으로 유명하다. 19세기 초 유배지로 세워진 뒤 최초의 개척자들이 내륙으로 들어오기 전에 이미 주요 무역 중심지가 되었다. 시드니의 대도시권은 서쪽의 블루 산맥에서 동쪽의 태평양까지, 북쪽의 호크스베리 강에서 보터니 만의 남쪽까지 뻗어 있다. 시드니 시는 이 항만을 둘러싸고 있는 낮은 구릉 위에 세워졌다. 날씨는 온화하여 연평균 기온이 18℃ 정도이고, 주로 여름에 많은 비가 내린다. 시드니는 수상 스포츠와 위락 시설 및 문화생활로 널리 알려져 있다. 항만의 잔교 남동쪽에 세워진 오페라하우스는 극장과 음악당을 모두 갖춘 곳으로 세계적인 공연예술의 중심지이다.

럿이 함께 앉아 맥주잔을 앞에 두고 소리 높여 웃는다. 뒷골목 노지에 60년을 한자리에 앉아 그림을 그린다는 노인도 있었다. 붓을 쥔 손등이 그의 연륜을 말해 주듯 주름살투성이다. 더운 기온 탓인지 젊은 여인들은 뽀얀 어깨살을 다 드러내 놓고 활기차게 거리를 걸어 다녔다. 도시 전체가 활력과 낭만으로 가득했다.

다윈으로 가는 길

　시드니에서 다윈까지는 비행기로 4시간 정도 소요된다. 호주 국내선인 경우 다윈행 비행기는 국제선보다 다소 운행 사정은 나

앉지만 다른 도시에 비하면 운행이 적은 편이었다. 시드니 출발 10시 40분, 다윈행 비행기 QF824에 오르기 위해 탑승 게이트를 찾았다. 시드니 공항은 국제공항 면모를 과시했다. 계류장이 훤히 보이도록 투명하고 두터운 유리벽을 만들어 놓았는데, 벽 너머에는 국내외 비행기들이 자기 심벌마크를 자랑하면서 여기저기에 자리해 있었다.

나는 외국 여행을 할 경우 우리나라 인천공항과 여행지 공항을 비교해 보곤 한다. 그리고 인천공항같이 크고 첨단 시설을 갖춘 공항이 별로 없음에 긍지를 갖는다. 아마 이런 것을 두고 브랜드 업이 된 국가의 국민으로서 갖는 자존심이 아닐까?

공항 대합실에는 다윈으로 가려는 사람들이 많이 있었다. 피부가 흰 사람, 노란 사람, 검은 사람, 선글라스를 머리에 얹은 사람, 풍만한 가슴을 반쯤이나 드러낸 젊은 여자, 의자에 앉아 꾸벅꾸벅 조는 사람들이 무심한 표정으로 앉아 있었다. 그중 노란 수염을 기른 사람이 앞자리에 앉은 젊은 여자에게 무어라 말하고 있었다. 거리가 있어 말소리는 들리지 않는 데다가, 손을 오르내리며 파란 눈동자를 이리저리 치켜뜨는 모습이 마치 무대 위에서 1인 무언극을 하는 배우처럼 보여 웃음이 절로 나왔다.

이윽고 탑승 시간이 되어 비행기에 올랐다. 국내선이라 그런지 비행기는 그리 크지 않았다. 내 자리는 20B 왼쪽 3열의 중간이었다. 왼쪽 20A석은 체격이 큰 흑인 청년이 앉았고, 오른쪽 20C석은 팔뚝이 전봇대만큼 굵은 나이 든 백인 여자가 앉았다. 푸른색 티셔츠를 입고 검은 점들이 눈가에 박힌 그녀의 얼굴에는 서양인 특유의 인자함이 고여 있었다. 마음씨 넓은 시어머니 인상이었다. 나는 건장한 흑인 청년과 뚱뚱한 백인 여자 사이에 샌드위치가 되어 숨이 막힐 지경이었다.

비행기가 이륙하면서 굉음을 토해 내더니 기체가 하늘을 향해 용트림하며 각도를 세웠다. 비행기 여행을 할 때마다 이런 이륙 시간은 그리 유쾌하지 않다. 오늘따라 어지럼 같은 것이 귓속에 계속 머물렀다. 왼쪽에 앉은 흑인 청년이 벌레처럼 생긴 젤리 사탕을 나에게 내밀며 빙긋 웃었다. 먹어 보라는 표정이었다.

"Oh! Thanks. I don't take it."

말해 놓고 나니 성의를 무시한다고 생각하면 어떡할까 싶어 조금 미안해졌다. 전혀 나쁜 의미는 아니었는데 말이다. 사실은 단 것을 좋아하지 않는 것도 있지만 벌레 같은 모양새가 싫었다. 그래서 그를 보고 슬쩍 웃었더니 그쪽에서도 싱긋 웃는다.

오른쪽의 백인 아줌마는 신문에 그려진 글자 맞추기 퍼즐에 정신이 팔려 열심히 연필을 굴렸다. 나와 말동무라도 하고 싶은 모양이나 어디서 온 사람인지 알 수 없으니 그럴 수도 없고, 꽤 심심한 모양이었다.

체구가 크고 두 눈이 큰 노랑머리 스튜어디스가 시트 열 중앙에 나와 스피커에서 흘러나오는 말에 맞춰 비상시 승객 조치를 시범해 보였다. 산소마스크는 이렇게 쓰고, 라이프 재킷은 이렇게 입고, 입 바람은 이렇게 불고 등등…….

체격이 크다 보니 동작을 취할 때마다 가슴이 파도치듯 부드럽게 출렁거렸다. 그러나 격에 맞는 화장이라든가 머리를 뒤로 올려 가지런히 빗질한 모습, 푸른 스카프를 목에 두른 차림새가 무척 세련되어 보였다.

내가 메모에 열중하고 있을 때였다. 오른쪽에 앉은 아줌마가 잡지에 그려진 퍼즐을 맞추다가 내 메모를 내려다보았다. 아마 내가 쓰는 글자가 생소해서 어느 나라 글인지 궁금했던 모양이다.

"Where are you from?"

마침내 그녀가 물었다.

"Oh! From Korea."

나는 상냥하게 대답했다.

"Oh! Korea."

그녀가 고개를 끄덕이며 웃었다.

1980년대 초만 해도 외국 여행 중에 한국에서 왔다고 하면 "한국이 어디 있는 나라이냐?"라고 되묻는 사람들이 많았다. 공항 면세점 같은 곳에서는 아예 일본인으로 착각하고 일본말로 인사를 건네는 사람도 종종 있었다. 나는 그럴 때마다 우리도 빨리 잘사는 나라가 되어 국제적으로 널리 알려지기를 바라는 마음 간절했었다. 타국에 나오면 모든 사람이 애국자가 된다고 했는데 이런 것을 두고도 애국이라 해도 괜찮을지 모르지만 나라를 생각하는 일념은 분명했다.

기내에는 스튜어디스가 서너 명 있었다. 하나같이 나이가 들어 보였다. 그렇다고 50~60이 됐다는 것은 아니지만 우리나라 국적기에서 근무하는 젊고 아름다운 그들에 비해 나이가 들었다는 얘기다. 조금 전에 시범을 하던 노랑머리 스튜어디스는 승객들에게 음료수를 권하기도 하더니, 어디로 갔는지 보이지 않았다.

피곤이 몰려왔다. 나는 메모에 열중하다가 볼펜을 쥔 채 스르르 눈을 감았다. 얼마쯤 시간이 흘렀을까. 노랑머리 스튜어디스가 어느새 까만 재킷으로 갈아입고 나타났다. 차림새를 보아 목적지 도착이 가까웠음을 알 수 있었다. 그리고 보니 시드니를 출발한 지 4시간 가까이 되고 있었다.

기내 스피커에서 안내 방송이 흘러나왔다.

"승객 여러분! 목적지인 다윈 공항에 도착했습니다. 다음에 또 만날 것을 약속드리며 편안한 여행이 되시기 바랍니다. 감사합니다."

이곳 다윈 시간으로 오후 1시 45분. 기창 너머로 보이는 계류장에는 몇몇 비행기가 자리하고 있었으나 그리 붐비지는 않았다.

"아, 드디어 도착했구나……."

인천공항에서 시드니, 시드니에서 다윈 공항까지 비행기만 무려 15시간을 탄 셈이다.

호주 북부의 문화도시 다윈

무거운 여행 가방을 끌고 배낭을 메고 다윈 공항을 빠져나왔다. 맑은 하늘을 통과한 뜨거운 햇빛과 함께 열기 띤 공기가 한꺼번에 밀려왔다. 거침없이 내리쬐는 햇빛이 눈부셔 부랴부랴 가방에 넣어 둔 선글라스를 찾았다. 나는 선글라스 끼는 것을 즐겨하지 않는다. 등산할 때도 그렇고 바다로 나갈 때도 마찬가지다. 시력 때문에 도수가 조정된 안경을 늘 끼고 있어야 하지만 짙은 안경을 쓰고 있는 사람을 보면 건방 끼가 있어 보여서다. 그런 내가 선글라스부터 찾은 것은 바늘쌈을 풀어 놓은 듯 날카로운 햇빛도 있었으나, 늘 뿌연 스모그가 낀 서울 하늘에 비해 싱싱하다 못해 위협적인 푸름 때문이었다. 그래도 기내 좁은 자리에서 떠난 해방감 때문인지 몸과 마음이 한결 가볍게 느껴졌다.

공항 밖에는 팔에 노란 털이 몹시 난 중년 남자가 마중 나와 있었다. 드디어 다윈 여행이 본격적으로 시작된 것이다.

다윈의 날씨는 우리나라와 많이 달랐다. 우리나라를 떠날 때는 제법 서늘한 날씨였는데, 이곳의 기온은 어림잡아 33~34도는 될 듯했다. 더운 열기에 내 몸이 금방 적응되지 않았다. 나는 갑자기 초조해지며 가슴이 마구 두근거렸다. 얼마나 벼르고 기대했던 여행인가. 그런데 내 몸이 약간의 거부반응을 보이기 시작한 것이다. 나는 몸 컨디션 때문에 이번 여행이 망치지 않기를 바라며 누

다윈

다윈(Darwin)은 노던 테리토리의 주도(州都)로, 3면이 바다로 둘러싸인 인구 10만의 항구도시다. 연평균 기온은 32~33도로 전형적인 몬순기후이나 때로는 40도 가깝게 덥기도 하다. 5월부터 10월까지는 건기, 11월부터 이듬해 4월까지는 우기다. 이곳을 여행하기 좋은 시기는 건기다. 다윈은 호주에서 유명한 여러 국립공원과 열대 아웃백 관광지의 관문이다. 카카두 국립공원, 리치필드 국립공원, 니트밀룩 국립공원, 메리 리버 국립공원, 티위 섬과 아넘랜드 등 세계 유네스코 자연 및 문화유산으로 등재된 아웃백 관광지가 시내로부터 자동차로 몇 시간 거리에 있다. 그래서 어드벤처 투어, 캠핑, 낚시 여행이 세계적으로 유명하다.

구인가 모를 대상에게 기도하듯 중얼거렸다.

"제발 내 몸이 이곳 풍토에 잘 적응하여 의미 있는 여행이 되게 하소서……."

다윈은 예로부터 호주 대륙에서 인도네시아나 동티모르로 가는 관문 역할을 하는 도시였다. 근래에 와서는 싱가포르나 말레이시아에서 저가 항공인 제트스타나 에어아시아를 이용할 수 있어 더욱 가까워진 다윈. 싱가포르나 쿠알라룸푸르에서 다윈까지 왕복 비행기 요금은 180달러, 한화로 약 20만 원밖에 되지 않아 이곳으로 주말여행을 오는 사람이 점점 늘어나고 있다.

반대로 다윈 지역에서도 타국인 싱가포르나 말레이시아로 주말여행이나 쇼핑을 하러 간다. 시드니나 그 외 국내 유명 도시로 가는 것보다 비용 면이나 시간 면에서 경제적이기 때문이다. 서울에서도 싱가포르나 말레이시아를 경유해 다윈으로 가는 것도 편리한 항공 스케줄이다.

다윈에는 머리가 노랗고 얼굴이 작고 눈이 깊은 전형적인 호주 원주민인 라라키아족과 태국, 인도, 그리스, 베트남, 중국 등 아시아인이 유입되어 50여 개국 인종이 어울려 살고 있다. 그래서 수산물, 농산물 시장이 서는 등의 동양적인 문화도 공존한다. 또 호주 지역 원주민들의 오래된 역사 유적과 제2차 세계대전 참전 유적이 많다. 열대성 기후에 서식하는 동식물과 원시적인 자연경관이 그대로 보존되어 있는 곳이다.

다윈 항 열대 정원에 있는 노던 테리토리 박물관 아트갤러리에는 이 지역에 서식하는 조류, 파충류 등 열대 동식물이 살아 움직이는 듯 진열되어 있다. 이곳 원주민들이 직접 만든 점토로 된 전통 예술품과 직접 세공한 원색의 수공예품들은 몇만 년을 내려오는 그들만의 고유문화와 정서를 고스란히 말해 주고 있다. 이곳 주민들은 다른 곳의 주민들에 비해 성격이 명랑하고 친절하다. 땅은 넓고 인구는 적어 다른 사람들과는 정을 맺고 싶어 하는 천성이 있다고 하였다.

이런 다윈에도 쓰라린 역사가 있었다. 1974년 12월 24일 크리스마스이브였다. 시간당 280km, 카테고리 5에 해당되는 태풍 사이

클론 트레이시가 다윈을 강타했다. 순식간에 사망 40명과 4만여 명의 이재민을 냈다. 파손 주택만 해도 90% 수준이었다. 현재의 다윈 시가 새로운 건축물로 깨끗이 정렬되어 있는 것도 사이클론 트레이시 이후 복구되었기 때문이다.

또 제2차 세계대전 당시 일본군이 다윈을 침공했다. 당시의 참상을 이스트포인트 군사박물관(East Point Military Museum)이 재현하여 다윈의 아픈 과거를 그대로 보여 주고 있다. 그런 연유로 다윈을 두고 호주 북부의 문화 수도라고 말하기도 한다.

다윈에서 내가 묵을 숙소는 다윈 시 켄터키가 43번지에 위치한 만드라 판다나스 호텔이었다. 호텔 규모는 크지 않았지만 시내 중심가에 있으면서도 깨끗하고 조용했다.

호텔 이름의 '만드라'는 산스크리트어로 불교나 힌두교에서 신비하고 영적인 능력을 가진다는 뜻으로 신성한 기도나 주문을 의미한다. 힌두교에서 가장 깊고 널리 쓰이는 진언은 '옴(om)'이다. 불교의 진언은 '옴 마니 반메 홈'이다. 대부분의 진언은 말 자체에는 큰 의미를 부여치 않으나 종교적인 또는 우주적인 의미가 심오하게 내재한다고 하여 영적인 지혜의 정수로 여긴다.

이 주문을 음독할 때는 굵고 큰 소리로 엄숙히 하든가, 또는 마음속 깊은 곳에서 우러나오는 자기만의 언어로 일정 시간 반복하여 읊기도 한다. 또 짤막하게 한 번에 끝내기도 한다. 특정 주문을 계속 암송하거나 명상하면 '탈아(脫我)'의 경지로 들어가게 되며, 높은 차원의 정신적 깨달음에 도달하게 된다는 것이다. 정신적 깨달음 외에도 심리적이거나 영적인 목적, 예를 들어 사악한 영들의 세력으로부터 자신을 보호하기 위해서도 여러 종류의 진언을 사용한다. 그만큼 성스러운 단어이다.

헬리콥터에서 개미집 사열을 받다

섭씨 33~34도를 넘나드는 기온에 아직도 내 몸이 적응하지 못했다. 누군가에게 했던 기도에 나의 간절함이 덜 실렸나 보다. 더운 공기가 가슴팍까지 달구는 것이 무엇을 먹고 체한 듯 답답했다. 호텔에 여장을 풀고 막 쉬려는데 헬기 투어를 예약한 시간이란다. 스케줄이 너무 빡빡하게 짜여 있었다. 하지만 초청자 입장에서는 경비 들여 초청해 온 기자를 쉽게 놓아두지는 않을 것이다.

망원렌즈가 부착된 카메라를 준비한 후, 헬리콥터 탑승장인 다윈 에어포트 리조트로 향했다. 호텔에서 탑승장까지는 택시로 15분 정도의 거리였다.

탑승장 주위의 조경이 동남아 지방의 작은 정원처럼 꾸며져 있어 눈에 익은 듯 친근감을 자아냈다. 작은 풀장에 맑은 물이 넘치고 있었다. 웃통을 훌쩍 벗은 히피족 같은 긴 머리 남자가 있고, 그 옆에 짧은 비키니를 입은 여자가 찰싹 붙어 있었다. 풀 건너편에는 수염을 기른 우람한 남자가 홀짝홀짝 맥주를 마시며 혼자 앉아 있었다. 풀장 주위에는 접시보다 더 큰 이름 모를 열대화가 지천이었다. 저런 것을 두고 흔히 서양풍의 자유가 있는 여유로운 풍경이라고 말하는 것일까.

헬기 투어는 파노라마처럼 펼쳐지는 항구도시 다윈의 모습을 공중에서 보기 위해서 이곳 항공 여행업체인 에어본 솔루션즈에서 제공했다. 내가 탈 헬기는 조종사까지 4인용 소형 헬기로 힘센 사람 손바닥 위에 올려놓아도 될 듯한 작은 몸집이었다. 이 큰 잠자리 같은 것을 타고 1천 피트 상공에서 30분간 다윈 시와 만드라 섬의 천연 풍광을 내려다본다고 생각하니 아찔했다.

사실 나는 어릴 때부터 겁이 많았다. 작은 전마선을 탈 때도 전복될까 겁이나 눈을 꼭 감고 돛대를 힘주어 붙들어야만 했다. 그렇다고 여기에서 그런 이유를 대며 헬기를 못 탄다고 할 수는 없지 않은가. 헬기에 탑승해 안전벨트를 조이고 앉아 다리에 힘을 주었다. 곧 헬기가 이륙을 시작했다. 헬기는 2~3m 상공에서 멈칫멈칫하더니 잠자리가 하늘로 오르듯 사뿐히 바람을 탔다.

하늘에서 내려다본 만드라 만(灣)은 바다에 둘러싸인 열대우림 지역이있다. 파도가 잔주름같이 길게 해안선을 따라 밀려들고, 보석같이 이어진 해변은 옥색 바다와 어우러져 파노라마처럼 눈에 들어왔다. 빨간 지붕을 한 별장 주택이 모여 있고, 작은 포구에 흰 요트가 줄을 지어 정박해 있었다. 멀리 보이는 다윈 시의 건물들이 넘어가는 태양을 받아 희다 못해 노란빛을 발산했다. 다윈 항의 흰 등대는 해넘이 붉은 하늘을 슬며시 안고 있었다.

만드라 섬은 선술집 2~3개가 해안가에 있을 뿐 사람이 살지 않는 무인도였다. 다윈 사람들은 이곳으로 배를 타고 건너왔다. 자동차로 갈 수 있는 도로가 이어져 있지만 자동차를 이용하면 오래 걸리기 때문에 주로 배나 헬기를 이용했다. 사람들이 이런 무인도를 찾는 이유는 맥주를 마시고, 파도 소리를 듣는 호젓한 즐거움과 간섭이 없는 자유를 만끽하려는 것이다. 또 바닷고기가 많이 잡혀 낚시를 즐기려는 사람들도 많다. 가공되지 않은 자연과의 밀착을 동경하는 사람들이 세계 전역에서 이곳을 찾는다고 했다.

헬기가 섬 오른쪽에서 왼쪽으로 기수를 돌렸다. 조종사는 보이는 곳마다 리시버를 통해 일일이 설명해 주었다.

얼마 뒤, 조종사가 아래 어느 지점을 향해 손짓을 하였다. 그곳에는 우리나라 현충원의 비석 같은 입석(立石)들이 사열하는 군대처럼 줄지어 있었다. 그것들은 오랜 세월 비바람이 만들어 놓은 사암 개미집이란다. 사람 키를 훌쩍 넘는 개미집들로, 마그네틱 터마이트 마운즈(Magnetic Termite Mounds)라고 했다. 어느 순간엔가 개미들의 최고위층(?)이 된 내가 헬기로 비행을 하며 개미집들의 사열을 받고 나니, 가슴의 답답함과 무서움증이 슬그머니 사라지고 없었다.

개미들이 집을 만드는 기술은 경이롭다. 개미들은 하루 중 일출, 일몰 시간과 햇빛의 양을 파악한다. 또 그들이 활동하기에 좋은 적정 수준의 온도를 유지하기 위해 햇살이 강하게 비치는 방향의 면은 좁게 쌓아 올리고 약하게 드는 방향의 면은 넓게 쌓는다.

이른 오전이나 늦은 오후 해거름이면 수백 개의 터마이트가 똑같은 방향으로 그림자를 드리워 신기한 진풍경을 펼친다. 누가 개미들을 하찮은 미물이라 했는가. 개미에게도 저런 능력과 재능을 창조자는 부여했는데 말이다. 그것이 냉엄하고도 균등한 자연의 섭리가 아닌가!

노던 테리토리에는 마그네틱 터마이트 마운즈 외에도 80여 종의 모양이 다른 터마이트들이 있으며, 호주 전역에는 300여 종이 발견

만드라 섬에 있는 마그네틱 터마이트가 공중에서 보면 마치 현충원의 비석같이 줄을 지어 서 있다.

됐다고 한다. 황혼에 이끌린 아름다운 해변과 줄을 지은 파도, 그리고 하얗게 노을빛을 반사하는 요트들, 멀리 보이는 다윈 항의 등대, 이들을 소중히 기억하기 위해 나는 카메라 셔터를 연신 눌러 댔다.

헬기 비행을 마치고 호텔로 돌아왔을 때 온몸은 땀으로 범벅이 되어 있었다. 땀을 씻어 내고 잠깐 쉰 후, 이곳 주정부 관광청에서 준비한 저녁 식사 자리에 참석하려고 정해진 레스토랑을 찾았다.

레스토랑 이름이 하누만 레스토랑이었는데 항구에 근접해 있었다. 식당 입구부터 내부까지 인도, 필리핀, 태국 등 동남아시아 각 나라풍으로 장식물이 진열되어 있었다. 주로 불교식 장식품으로 붓다의 조각품이라든가 태국의 사원, 인도 지방 코끼리 등 제법 큰 조각품들이었다. 이 레스토랑 주인은 그리스 사람이었다. 그래서 그리스 레스토랑이었지만 다윈에는 동남아 국가 등 다민족이 거주하기 때문에 어느 나라 사람이라도 좋아하도록 이런 장식품으로 치장한단다. 사실 장식품은 예술적인 가치보다도 고객 유치에 필요하다는 것이다.

나는 항구가 보이는 지정된 식탁에 앉았다. 항구 내음이 상큼하게 몰려왔다.

저녁 식사는 노던 테리토리 관광청 홍보 담당자인 케이트 라이언(Kate Ryan) 씨와 함께했다. 케이트 라이언 씨는 갈색 머리를 가진 젊은 여성으로 얼굴에 서양인 특유의 주근깨가 잘게 피어 있었다. 화장하지 않은 그녀의 얼굴이 공해 없이 자란 과일처럼 순박해 보였다. 또 말을 할 때마다 생글생글 웃는 모습이 이방인인 나에게는 매력으로 나타났다.

식사 메뉴는 느끼한 맛의 이곳 음식보다 칼칼하고 매운맛이 도는 동양 요리를 택했다. 흰 가운을 입은 웨이트리스가 인도식 카레, 매운맛의 가지 찌개, 치킨 매운탕과 쌀밥을 가져왔다. 우리 식단의 국인 듯 보이는 국물은 매콤했다. 우리나라처럼 얼큰하게 매운맛은 아니지만 아쉬운 대로 구미에 맞았다. 쌀밥은 밥알들이 붙어 있지 않은 안남미로 지었다. 훅 불면 날아갈 것처럼 찰기는 없었으나 밥이라고 생각하니 그마저도 친근했다.

라이언 씨와 나는 이 지방의 문화와 관광지에 관해 다양한 얘기를 나누었다. 그중 라이언 씨의 한마디가 내 귀를 의심케 만들었다.

카카두 국립공원에 있는 자비루(Jabiru)라는 마을에는 광산이 있는데, 그곳 광부들은 호주 달러로 100만 달러, 우리나라 돈으로 치면 10억 원 이상의 연봉을 받는 고소득자란다. 그래도 그곳에서 일할 사람이 잘 구해지지 않는다고 했다. 우리나라에서는 상상도 못할 사건 같은 일이었다. 고개를 갸우뚱거리

노던 테리토리 관광청에 근무하는 케이트 라이언

며 진담이 섞인 농담으로 라이언 씨에게 말을 건넸다.

"내가 그곳에서 일할 수 있을까요?"

그녀는 아니라는 표정으로 고개를 저으며 살며시 웃었다. 나중에 안 일이지만 우라늄을 캐는 광산이라 방사능 오염 관계로 많은 사람들이 현장에서 일하기를 기피한다는 것이다.

식사를 하는 동안 어둠이 내렸다. 항구에 정박된 요트의 돛대에서 비친 오색 전등 불빛이 물그림자가 되어 마치 레이저 아트 쇼를 하는 것처럼 휘황했다.

라이언 씨와의 유쾌한 저녁 식사를 마치고 호텔로 돌아와 곧장 잠을 청했다. 내일 스케줄 때문에 일찍 쉬기로 한 것이다. 침대 위로 떨어지는 한기 실린 에어컨 바람이 싫었다. 천장에서 돌아가는 바람개비 소리는 몹시 시끄러웠다. 하지만 더위를 식히려면 그대로 둬야 했다. 다윈에서의 첫 밤은 호텔 방 천장에서 돌아가는 바람개비 소리와 함께 서서히 지나가고 있었다.

Chapter 3
둘째 날, 푸두켈 습지대에서

모험 여행은 이제부터

　다음 날 아침, 밤새 에어컨 바람을 맞은 탓인지 머리가 무거웠다. 호텔 레스토랑에서 야채를 듬뿍 넣은 샌드위치 한 쪽, 소시지 두 개, 우유에 섞은 콘플레이크, 오렌지 주스 한 잔으로 식사를 마치고는 방에 올라와 짐을 꾸렸다. 짐은 될 수 있는 한 간편하게 꾸렸다. 기온이 높은 오지 트레킹에 적합한 옷들과 챙이 큰 모자, 트레킹 신발을 골랐다.

　다윈은 큰 도시가 아니고, 또 이른 아침이라 호텔 로비는 붐비지 않았다. 한두 사람이 호텔 로비 프런트에서 체크아웃을 하고 있었다. 반대편 호텔 출입문 옆에 청색 반바지와 반팔 셔츠를 입고 갈색 가죽 모자를 뒤로 젖혀 쓰고 있는 건장한 남자가 서 있었다. 그 남자의 배는 큰 수박을 안은 것처럼 부풀어 있었고, 그의 팔과 종아리에는 노란 털이 밀림처럼 무성하였다.

　나에게 시선을 꽂고 있던 그가 체크아웃을 하는 내 곁으로 성큼성큼 다가왔다.

"한국에서 온 미스터 남이세요?"

나는 의아한 눈빛을 그에게 보내며 대답했다.

"네, 그렇습니다만……."

"아~ 반갑습니다. 나는 '로버트'라고 합니다."

그가 크고 두꺼운 손을 불쑥 내밀었다. 내 손을 덥석 잡는 그의 손두께가 내 손 두 개를 포개놓은 것보다 두터웠다. 손등에 붙은 털의 촉감이 수세미처럼 까칠하게 느껴졌다.

로버트는 이 지역 오지 모험 관광을 전문으로 하는 여행사 직원이었다. 그는 이 지역 국립공원은 물론 사막 같은 오지 관광을 오랫동안 경험한 사람으로 이번 여행에 안내와 운전을 도와줄 사람이었다. 체구는 컸지만 얼굴 생김새와 언행은 시골 청년처럼 순하고 정이 많아 보였다. 그는 자기를 '롭'으로 불러 달라고 했다. 닷새 동안 먹고 자고 자동차로 달리며 위험에 처하면 도와줄 협조자의 첫인상에 시골 청년 같은 순박미가 있어 처음 보는 데도 친근감이 생겼다. 여행을 하다 보면 안내자의 까다로움에 속상한 일을 여러 번 경험하게 된다. 그래서 그런지 나도 언제부터인가 안내자를 처음 볼 때 인상부터 살피는 버릇이 생긴 것이다.

호텔 앞에는 도요타 4100cc 4드라이브 승합차에 트레일러까지 달린 오지용 지프차가 시동이 걸린 채 기다리고 있었다. 롭이 짐을 받아 들고 시동이 걸려 있는 차 앞으로 가더니 트레일러 문을 열었다. 트레일러 안에는 아름드리의 커다란 물통이 실려 있었는데, 통 안에는 얼음물로 가득 차 있었다.

나는 얼음물을 보는 순간 지금부터 가는 여행길이 결코 평탄하지 않을 것임을 직감했다. 슬며시 긴장감이 솟아올랐다. 그러나 벌써부터 주눅이 들면 안 된다고 다짐하며 심호흡을 몇 번 하였다. 날씨는 더웠으나 하늘에 엷은 구름이 끼어 여행하는 데는 그런대로 괜찮았다. 4100cc 출력의 엔진답게 차 안의 에어컨은 하얀 김이 서리도록 빵빵하게 돌아갔다. 나는 주머니가 여럿 달린 긴팔 점퍼를 입었다. 더운 지방의 기온과 어울리지 않는 복장이라고 할지 모르나 팔이나 목 등의 피부가 갑작스러운 태양열에 타는 것을 막기 위해서이고, 취재에 필요한 수첩이라든가 사전, 필기구, 카메라 렌즈 등을 넣을 곳이 필요했기 때문이다.

롭이 액셀러레이터를 밟았다. 4륜구동 지프차는 디젤차 특유의 껄끄러운 엔진 소리와 함께 아스팔트를 힘 있게 걸어찼다.

자, 떠나자! 이제부터 간절하게 희망했던 모험 여행의 시작이다! 푸두컬 습지대(Pudukal Wetlands)의 원시적 자연과 그곳에 거주하는 원주민들의 문화 체험에 도전하는 것이다.

차는 시속 120km 이상으로 일직선 아스팔트 도로를 내달렸다. 이곳의 도로는 산과 산 사이를 달리는 우리나라 도로와는 근본적으로 달랐다. 달리는 길에 산은커녕 언덕도 보이지 않았다. 고속도로에도 자동차 하나 보이지 않았다. 마치 고속도로를 전세 낸 것처럼 '나 홀로 차'였다. 사방을 둘러봐도 넓고 광활한 평원이었다. 운전을 할 때는 시야에 오르내림이 있고 약간은 커브 길이 있어야 운전하는 사람이 졸음도 덜고 구경거리도 생기는데, 그런 것이라곤 눈을 닦고 보아도 없었다. 늘 산을 보고 살아왔기에 산이 없는 곳에 있으니 산이 그리워지는 것은 무슨 변덕일까.

자동차 하나 지나지 않는 곧은 도로에 캥거루나 딩고 같은 야생동물들만 이따금 보였다. 캥거루는 차가 달리는 아스팔트길을 껑충껑충 뛰어 횡단하기도 했고, 날쌔고 표독한 야생 개인 딩고는 호주 호랑이를 사냥할 정도로 사나운 동물인데, 공포스러운 울음소리부터가 별로였다. 하늘에는 먹이를 찾는 독수리 같은 맹금류가 보였다.

차 안은 조용했다. 롭이 먼저 입을 열었다. 아무 말도 없으니 심심한 모양이었다.

"작년까지만 해도 다윈 지역의 관광객 중 동양인으로서는 일본인이 대부분이었어요. 그런데 요즈음은 한국 사람이 많이 들어와 일도 하고 관광도 하지요."

일본 사람이 우리나라에서 관광을 즐기는 것에 대한 호주 정부의 인식은 우리 생각과는 달랐다. 호주를 찾을 일본인 관광객을 감소시키는 역할을 우리나라가 한다는 것이다. 호주 여행을 계획했던 일본 관광객이 한국으로 간다는 것이다. 그런 의미로 보면 호주의 일본인 유치에 대해서는 우리나라와 경쟁국인 셈이었다.

차는 끝이 보이지 않는 평원을 질주하였다. 열대의 척박한 땅 사막에 적응하는 수림만 황량한 평원을 메웠다. 흙은 철분이 산화된 적토라 우리나라 토양과는 원천적으로 달랐다. 얼마나 달렸을까? 롭이 또 입을 열었다.

"이곳 아이들은 미술 시간에 풍경을 그리라고 하면 먼저 왼쪽에서 오른쪽으로 수평선을 그려요. 그런 다음 나무나 집을 그리고 땅은 붉은색으로 칠하지요."

이곳 아이들은 눈에 보이는 것은 산이 없는 평원이고 땅은 철분이 많아 붉은색이기 때문이란다. 우리나라 어린이들은 우선 오르내림이 있는 산을 그리고, 나무를 그리고, 땅은 황토색을 칠하는데, 그것과 많이 달랐다. 환경 때문이었다.

그렇다고 이곳이 황량한 대지만은 아니었다. 환경에 길들여진 빽빽한 유칼립투스의 푸른빛은 아름다웠다. 유칼립투스 나무는 사막 지대에 서식하는 활엽수로 물을 많이 필요치 않고 산불 같은 열에 강한 버드나뭇과 식물이다. 이 나무의 어떤 것은 나무껍질 자체가 홀라당 다 벗겨졌어도 푸른 잎은 여전했다. 노던 테리토리 지역에 성장하는 유칼립투스 나무는 호주의 다른 지역의 그것보다 키와 몸통이 크지 않다고 한다. 이유는 개미가 나무속을 갉아 먹기 때문에 클 수가 없다 하였다. 유칼립투스의 키는 20미터가 넘는 것도 있다 하는데, 이곳 나무들의 키는 10미터, 몸통 지름은 10센티미터 내외였다.

푸두컬 습지대에서

푸두컬 습지대에는 몇만 년 전부터 원주민들이 살았다. 그들은 먹을거리를 이곳의 동식물에서 얻었다. 그러나 한곳에서 오래 정착하지는 못했고 다른 지역으로 옮겨야 했다. 먹을 것을 구하는 데에 한계가 있었기 때문이다. 그들은 정착지를 옮길 때마다 평원에 불을 놓았다. 그때 잡풀과 잡목은 불에 타지만 유칼립투스 나무는 죽지 않았다. 숲이 불타고 난 3~4일 후면 새로운 숲이 형성되어 새로운 생명이 잉태하고, 자라고, 열매를 맺어 인간의 먹을거리를 제공하는 순환이 이루어졌다. 이것은 자연의 법칙이다. 원주민들은 다음에 오는 부족을 위해 불을 놓아 새로운 먹을거리를 제공하는 환경을 만들어 주고 떠났다. 이곳 원주민들도 자연의 법칙에 따라 생활한 것이다. 이런 행위를 쿨 파이어(Cool Fire)라고 했다. 쿨 파이어는 상위 포식자를 사라지게 하기 때문에 생태계의 균형을 재구성하는 중요한 자연현상으로, 바꾸어 말하면 생명 잉태의 불이다. 어찌 보면 이들은 수만 년 전부터 공생의 법칙을 지키며 산 것이다. 하나 이런 불은 건조한 날 마른 나무끼리 바람에 비벼져 발화되는 경우가 있어 인명이나 재산에 피해를 일으키는 경우도 있다. 그러나 불이 났다고 해도 이곳 주민들은 크게 당황하지 않는다. 황무지이기 때문에 불이 크게 번지지 않아서이다. 지금도 호주 정부에서는 원주민들의 지혜를 본받아 우기가 끝날 무렵 구획을 나눠서 숲에다 불을 지르는데, 불에 탄 뒤의 모습은 마치 패치워크를 한 것처럼 보인다고 한다.

호주 원주민들이 언제부터 이곳에 정착했는지는 모른다. 하지만 그들은 수천 년 동안 효과적인 방법으로 평원을 제압해 왔다. 아니, 질서에 의한 공생을 해 온 것이다.

운전하던 롭이 원주민 체험을 하는 곳이라고 하며 차를 세웠다. 팔을 뻗어 가리키는 곳을 향해 조금 걸어갔더니 아, 이게 웬일인가! 이 세상에서 존재하는 모든 동식물을 한곳에 모아 둔 듯 크고 아늑한 늪이 보였다. 마치 사막에 나타난 신기루 호수처럼 밀림 속에서 불쑥 눈앞에 나타난 것이다.

유칼립투스 나무가 무성하게 들어서 있고 늪 안에는 숨죽이고 움직이는 악어와 물고기들이 여기저기 보였다. 날짐승 소리가 창살처럼 뻗어나고, 수십 km²는 됨 직한 큰 늪에는 헤아릴 수 없을 만큼 많은 새들이 모여 있었다. 그들 중에는 두루미처럼 큰 새, 참새처럼 작은 새, 청둥오리, 물새, 콩알만 한 새 등 이름 모를 희귀종들이 장관을 이루고 있었다. 어떤 놈들은 날고, 어떤 놈들은 교미하고, 어떤 놈들은 고개를 들어 울기도 하고, 어떤 놈들은 물에 젖은 날개를 말리기도 했다. 물에는 물고기가 헤엄치고, 악어가 숨을 쉬고, 뱀이 물 위를 나는 듯이 기어가고 있었다. 땅에는 캥거루가 뛰어놀고, 팔뚝보다 더 큰 도마뱀이 기어 다니고, 늪가

수많은 생명들이 태어났다가 죽음을 반복하는 푸두컬 습지대는 세계 람사르 협약에 등재된 중요한 곳이다.

에는 희귀식물과 꽃들이 흩어져 제각각 자태를 뽐내고 있었다. 이 세상의 모든 생명이 여기에 있는 것 같았다. 모든 통제와 간섭으로부터 해방된 그들만의 낙원. 이곳이 바로 람사르 협약(Ramsar Convention, 국제적으로 중요한 습지 보호에 관한 협약)에 등재된 푸두컬 습지대였다.

늪가에서 원주민 한 사람이 플라스틱 물병을 옆에 놓고 저 멀리 보랏빛 하늘을 바라보고 있었다. 검다 못해 숯검댕이 같은 피부에다 눈이 움푹 들어간 원주민은 마치 우주의 신과 대화하는 것처럼 미동도 하지 않았다. 그러나 그의 눈망울은 참으로 평화로워 보였다. 내 머리에는 남미 오지의 원주민에게 선교 활동을 하는 선교사들의 삶을 그린 영화 〈미션〉을 연상했다. 어디선가 영화 주제곡의 흐른 선율이 울려 퍼져 늪에 사는 생물을 춤추게 할 것 같았다.

노던 테리토리 톱 엔드에는 문명의 손이 닿지 않은 자연환경이 많이 보존되어 있다. 무드럽 습지대에는 수많은 생명체가 공생하고 있다.

푸두컬 습지대의 원주민

호주 원주민은 현존하는 세계문화유산 중 가장 오래된 유산의 주인으로 대지와 불가분의 관계를 맺고 있다. 원주민 대부분은 수만 년 전 말레이시아, 인도네시아에서 이주했다고 전해진다. 이곳 푸두컬 습지대에 사는 푸두컬 부족도 인도네시아나 말레이시아의 원주민 바자우족과 그 생김새가 매우 비슷하다. 푸두컬 습지대는 원주민 푸두컬족의 삶의 터전이었다. 조상 대대로 물려받은 땅에서 그들만의 전통적인 삶을 이어 가는 몇 안 되는 원주민이다. 그들의 전통적인 악기인 디저리두에서 뿜어지는 소리의 여운은 이 세상에서 가장 평화롭고 완벽한 자연의 G음, 몇만 년을 살아온 그들의 영혼의 소리이다.

원시적인 야생 동식물들이 자연 그대로 보존된 푸두컬 습지대는 원주민 푸두컬족의 오랜 삶의 터전이었다. 그들은 조상 대대로 살아온 자신들의 땅인 이곳에서 그들만의 전통적인 삶을 유지하며 살아가는 호주에서 몇 안 되는 부족이었다.

나에게 태고의 세계로 들어갔던 얼마간의 신비한 시간이 흘렀다. 그때 서양 남녀 10여 명이 찾아왔다. 독일에서 온 관광객이라고 했다. 난 그들과 자연스럽게 합류하였다.

그중 한 사람이 나에게 다가오더니 말을 건넨다. 경험으로 보아 여행자들의 친숙함은 별다른 절차 같은 것은 아예 필요 없다. 눈웃음과 악수만 있으면 다 통한다. 특히 이런 오지에서는 더하다.

"어디에서 왔습니까?"

"한국에서 왔습니다."

"아, 그래요! 멀리서 왔군요."

반가운 표정으로 미소를 지었다.

서양 사람들은 우리네와 달리 처음 보는 사람에게도 웃음은 넉넉하다. 나도 그들에게 일일이 악수를 청했다. 일행 중 반백의 노랑머리에 갈색 선글라스를 쓴 중년 여성이 앞으로 나서더니 떠듬떠듬 말했다.

"나도 한국을 여행한 적이 있습니다. 김치, 불고기……."

"반갑습니다. 김치와 불고기를 기억하시는군요."

먼 이국에서 우리나라의 인상을 말하는 그들이 무척 반가워 눈물이 날 것 같았다. 우리 국력이 여기까지 미치고 있다는 것이 내 가슴을 뜨겁게 흥분시키고 있는 것이다.

아! 고마운 나의 조국, 위대한 나의 조국. 때로는 몹쓸 것같이 원망도 해 보지만, 내 핏속에 역력히 흐르는 대한민국이라는 글자는 영원하리라. 난 그들과 자연스럽게 합류하였다.

그들도 노던 테리토리 관광을 위하여 일주일 전에 호주에 도착했다 한다. 여행이란 인종과 나라를 초월해 사람과 사람으로 급속히 가까워지게 만드는 마력이 있다. 우리는 그때부터 여행에 관한 이야기를 나누며 마치 오래된 친구처럼 가까워졌다.

저 멀리 하늘을 보고 앉아 있던 원주민이 일어났다. 생전 관광객에게 말을 걸지 않을 것 같던 그가 사람들에게 자기 주위로 모이라고 손짓을 했다. 푸른색의 낡은 와이셔츠를 걸치고 반바지에다 맨발인 그는 깡마른 체격이었지만 근육은 탄탄해 보였다. 원주민은 약간 높은 곳에 서서 능숙한 영어로 관광객들에게 이곳의 내력을 설명하기 시작했다.

나는 이번 여행에서 원주민의 삶과 그들만의 고유문화와 정서를 체험하고 싶었다. 내 이번 여행의 테마가 그것이어서 원주민의 말을 귀담아들었다.

그는 설명을 끝내고, 피부색이 흰 독일 여자 관광객 한 사람을 불러 그의 앞에 세웠다. 그는 들고 있던 페트병에 담긴 물을 한 모금 입에 물었다. 그런 다음 여인의 머리칼 속으로 입에 물었던 물을 뿜어 넣고 가볍게 문지르며 알지 못할 소리로 중얼거리기 시작했다. 아마 그들이 믿어 온 자연이란 신에게 무언가 염원하는 몸짓이었다. 그는 그들의 신, 아니 그들이 숭배하는 자연에게 이곳을 방문한 여행자들의 건강을, 또 이 세상 모든 이에게 자애로운 삶을 기원하는지도 모른다. 문명인이라 일컫는 백인이, 그들이 미개인으로 생각한 검은 피부의 원주민의 기도를, 그것도 원주민의 입 속에서 뿜어지는 물을 머리에 받으며 눈을 감고 서 있는 모습이, 어찌 보면 아이러니하기도 했다.

자연 앞에서는 문명과 비문명, 이기고 지고, 높고 낮고, 길고 짧고, 있고 없고는 무력했다. 모든 것은 제로 상태의 평행이었다. 엄밀하게 얘기하면 이 세상에는 미개인도 없고 문명인도 없다. 누가 저들을 보고 미개한 인간이라 하겠는가. 어쩌면 이 모두가 문명인이라고 뻐기는 자들이 만들어 낸 비정한 모순이 아닐까?

같이 있던 여행객 모두가 침묵하며 한 사람씩 원주민 입에서 나오는 물을 머리에 받기 시작했다. 나 또한 마찬가지였다. 원주민의 이런 행위가 무엇인가 나를 위로하는 기분이 들었다. 일종의 신기함 같은 거였다. 우리나라에서 말하는 기(氣) 같은 거였다. 이 의식은 쿠쿠(Kuku)라고 하는 푸두컬족의 환영 의식이었다. 쿠쿠는 이 지역을 방문하는 여행자라면 누구나 거쳐야 하는 절차였다.

환영 의식을 마치고 원주민이 생활하는 곳으로 안내되었다. 우리는 원주민이 안내하는 대로 따라했다. 더운 날씨 때문인지 새로운 깨달음 때문인지 이마에는 눈물 같은 액체가 뺨을 탔고 얼굴과 몸에는 땀이 물컹물컹 흘렀다. 원주민 안내원은 우리 일행 앞에 서서 작은 풀포기에서 큰 나무까지 특이하게 얽힌 전설이라든가 성분을 일일이 알려 주었다.

검트리의 열매는 에너지와 수분을 공급해 주고, 밀크트리는 껍질을 벗겨 내니 하얀 진액이 나왔다. 그림을 그릴 때나 카누나 창을 만들 때도 이 액체를 쓴다고 한다. 애플트리에는 빨간색, 핑크색, 하얀색 열매들이 달려 있었다. 핑크색이 돌면 열매가 익어 먹을 수 있는데 핑크색 열매를 하나 따 맛을 보았더니 사과 맛이 아니라 배 맛이 났다. 그린플럼은 비벼서 불을 일으킬 때 쓰는 낮은 키의 나무였다. 허니부시의 나무 밑동에 난 작은 구멍에는 추쿠백이라고 하는 천연 꿀이 들어 있었다. 혀끝을 대어 보니 아주 달았다. 유칼립투스 나무 외에도 올리바 나무 역시 디저리두를 만드는 데 좋은 재료라고 했다. 어떤 나무는 잎줄기를 뜯어 수액이 나온 것을 독충에 물렸을 때 바르면 해독 작용을 한다며 상처 난 곳에 바르기도 했다. 그들은 자연이 제공하는 음식과 옷과 약을 사용하며 오랜 역사를 살아온 것이다.

그는 좁은 길을 가며 열심히 설명했다. 길이라고 하지만 가시 달린 잎사귀가 즐비했고 빳빳하고 끝이 칼처럼 날카로운 억새풀 같은 것도 있었다. 원주민들은 이런 곳을 맨발로 다녔다.

나는 내 발의 호사로움을 여기서 깨달았다. 깔창이 얇다고 두꺼운 창으로 갈고, 물이 들어온다고 가죽신을 신었던 사치성도 이젠 알았다. 조그만 상처에도 발을 동동 구르는 내 경망스러움, 그것을 옳은 것이라 생각해 왔던 모순을, 공자보다도 더 훌륭하고 니체보다도 더 차원 높은 실존철학을 지금 이 순간 자연과 어울려 사는 그에게서 배우고 있는 것이다. 저들은 자연과 함께 어떠한 불편도 감수하며 살지 않는가. 불편이라는 글자는 현대인이 만들어 낸 사치스러운 문자일 뿐이지 그들에게는 일상이었다. 그런 그들에게 저절로 고개가 숙여지는 것은 내 가슴 깊은 곳에서부터 일고 있는 오만과 사치의 뉘우침이 아닐까?

원주민과 함께 우주의 참소리를 듣다

원주민 안내원을 따라 300여 미터 정도를 더 이동했다. 거기에는 3면이 트이고 1면만 가려진 움막이 있었다. 그 움막 주위에서 원주민 네다섯 명이 기다리고 있었다. 그중 키가 크고 나이가 많이 들어 보이는 사람이 이곳의 리더인 양 싶었다. 머리숱이 많고 곱슬머리이며 뚱뚱한 사람도 있었다. 또 얼핏 보아 이곳 원주민을 닮지 않고 백인 쪽에 기울어진 젊은 이도 있었다.

그들은 군데군데 놓인 아름드리 바위를 가리키며 앉으라고 권했다. 그것이 그곳의 의자였다. 의자 몇 걸음 앞에는 우리나라 시골 장날, 장에 온 사람들을 모아 놓고 상품을 소개하며 판매하는 작은 좌판 같은 무대를 꾸며 놓았다. 이곳은 우리 일행뿐만 아니라 다른 관광객들이 오면 공연 행사를 치르는 장소였다. 일종의 관광 상품 판매 무대인 것이다. 그러나 상품은 전혀 없었다. 나중에 알았지만 팔려는 상품은 그들의 삶이었다. 앞에 놓인 긴 탁자에는 둘레가 한 움큼이나 될 듯하고 길이 1미터 남짓한 막대형 나무를 여러 개 놓아 두었다. 잘 다듬어진 표면에는 그들 특유의 황토색 거북 문양과 붉고 푸른 색칠로 그린 상상의 그림도 그려져 있었다.

잠시 후에 나이 많은 원주민이 관광객 앞에 나왔다. 그는 세워 둔 막대를 들더니 둘러앉은 관광객들에게 머리 숙여 인사를 했다. 그러고 나서 그 나무를 입술에 가져갔다. 깊은 숨을 쉬는 듯

무두꿩족이 전통 악기인 디저리두를 부는
원주민과 부족민들

내뿜는 입김에 멀리서 들려오는 산울림의 여운 같은 소리가 흘러
나왔다.

　두우— 두—

　아, 이 소리! 영화 속의 아프리카 원주민들이 발을 구르며 덜렁
덜렁 춤추던 그 자연의 소리! 이 세상에서 가장 평화롭고 완벽한
자연의 소리 G음을 뿜어냈다. 아주 무거운 소리에서부터 가볍고
경쾌한 소리까지, 악기의 굵기와 길이에 따라 제각기 다른 소리를
냈다. 어쩌면 저 소리가 몇천 년을 살아온 그들의 영혼이 담긴 그
들만의 소리일 게다. 이 악기를 '디저리두' 라 했다.

　디저리두 공연을 한참 계속되었다. 공연이 끝나고 나서 관광객
에게 악기를 주며 불어 보라고 하였다. 나도 받았다. 자세히 살펴

보았더니 유칼립투스 나무였다. 그 나무의 속은 이곳 개미들의 먹이로 제공된 것이다. 사람이 나무속을 판 것보다 더 말끔하게 만들어 놓았다. 디저리두는 두꺼운 껍질만 남은 텅 빈 나무를 일정 굵기, 일정 길이로 잘라 불면 공기 진동에 의해 소리가 난다. 마치 우리나라 대금이나 퉁소 같은 원리였다.

디저리두는 오랜 옛날부터 이곳 원주민들이 멀리 떨어진 부족에게 소리 신호를 보낼 때나 부족의 전통 의식, 즉 결혼식이나 장례식 같은 중요한 행사에 사용되었던 성스러운 악기였다. 이 악기는 현재 호주에서 원주민 공연 팀들이 공연할 때 많이 사용하고 있다.

원주민들은 붉고 흰 돌을 숫돌 같은 곳에 대고 갈았다. 이것을 식물에서 짜낸 기름에 섞어 즉석 물감을 만들었다. 주황색, 흰색, 푸른색이었다. 그들은 만들어진 물감으로 여행객의 팔뚝에다 3선을 그어 주었다.

나는 얼굴에 그려 달라고 했더니 오른쪽 뺨에 3색 선을 가지런히 그어 주었다. 뺨에 그려진 3색 때문인지 짧은 시간에 그들과 동화된 기분이었다. 그들은 이 3색을 우주신의 색상으로 인정하며 그중 주황색은 땅, 푸른색은 물, 흰색은 하늘을 뜻하고 영원을 상징한다고 했다. 푸두컬 부족의 상징은 목이 긴 거북이였다. 천에 그린 그림과 돌로 만든 조각품마다 거북이 또렷이 표현되어 있었다.

원주민이 그려 준 삼색 선을 보고 있는 관광객.
삼색 선은 우주의 색으로 하늘과 땅, 바다를 의미한다.

이어 남자 관광객들은 막대 창을 던져 짐승을 사냥하는 체험장으로 안내되었다. 여자 관광객들은 조금 떨어진 움막으로 갔다.

푸두컬 부족을 포함한 이곳 원주민의 관습은 여자는 남자가 하는 일을 하지 않고, 남자는 여자가 하는 일에 간섭하지 않는 게 불문율이다. 여자들이 간 곳에는 원주민 여자들이 소쿠리나 돗자리, 가방 등을 만들고 있었다. 돗자리나 소쿠리를 만드는 재료는 판다누스 풀잎인데 길고 질겼다. 지붕에다 6~7일 말린 후에 사용한단다. 소쿠리 엮는 것을 보여 주는 원주민 옆에는 빨간 웃옷을 걸친 네다섯 살쯤의 어린 소녀가 앉아 있었다. 그들은 모녀인 듯싶었다.

어린 소녀는 엄마 옆에 앉아 엄마가 소쿠리 만드는 것을 따라 하며 연실 무어라 말을 주고받았다. 생글생글 웃는 모습이 고왔고 특히 어린아이의 눈망울은 조용한 평화였다. 나중에 안 일이지만 푸두컬족과 같은 이곳 원주민들의 아이들에게는 학교 교육이 따로 없었다. 워낙 넓은 대지 위에 여기저기 흩어져 생활하는 관계로 학교 같은 집합 교육이 어렵기 때문이다. 호주 정부는 이런 상황을 감안해 라디오나 또는 다른 전파 매체를 통해 교육하고 있다. 그들에게는 학교 교육도 필요하겠지만 자연이 가르치는 교육이 더 중요하지 않을까?

남자들의 사냥 체험은 긴 작살 같은 창을 대나무로 만든 작은 통에 넣어 목표물을 향해 힘껏 던져 보는 것이었다. 30여 미터 건너에 나무로 만든 모형 산돼지가 있었다. 그것이 목표물이었다. 나도 몇 번 던졌으나 번번이 실패만 하였다.

어느덧, 그들과 헤어질 시간이 되었다. 조금 전에 엄마와 앉아 돗자리를 짜던 여자아이가 걸어 나왔다. 검붉은 색을 띤 탄력 있는 피부에다 유난히 깊게 젖은 눈망울이 순진해 보였다. 디저리두 소리와 나이 많은 원주민의 전통적인 노랫소리에 맞춰 일행은 춤을 췄다. 그리고 나서 모두들 굿바이 손을 높이 흔들었다. 빨간 천을 걸친 어린아이도 손을 높이 들고 오래오래 흔들고 있었다.

"안녕! 잘 있어요!"

언제 여기를 다시 찾아올 것인가. 내 생애에 처음 만났고 또 다시는 보지 못할 저들의 안녕을 빌었다. 그들이 시야에서 멀어질 때까지 나도 모르게 돌아보고 또 돌아보았다. 나는 그들을 만나기 전에, 그들은 비참한 생활을 하고, 피부색은 먹칠보다 더 검으며, 물고기나 산짐승을 잡아 그대로 먹고, 문명의 혜택은 전혀 받지 못해 인간 이하의 생활을 할 것이라 생각했다. 그런데 그들

오스트레일리아 원주민

2만 5천~4만 년 전부터 호주에 살아온 것으로 추측되는 토착 원주민은 세계에서 가장 오래된 원주민 문화를 지키는 사람들이다. 그들은 유럽인의 이주 이전에 오스트레일리아에 살았던 최초의 종족으로, 전통 예술이나 이야기, 춤, 음악 등 그들만의 고유문화를 간직하고 있다. 뿐만 아니라 700여 개 이상의 방언으로 이 세상에서 가장 다양한 언어를 쓰고 있다. 18세기 후반 유럽의 식민지 개척기에는 인구 30만 명에 약 500개 부족으로 나뉘어 있었으며, 부족마다 공인된 영토와 독자적인 언어 또는 방언을 가지고 있었다. 유럽인들과 접촉한 결과 전통문화의 대부분이 심한 변화를 겪었다. 애버리지니, 토레스 제도 토착민, 태즈메이니아인 등 여러 부족이 있었는데, 태즈메이니아인은 백인 이주자들에 의하여 절멸당하여 그 맥이 끊어졌다.

과 함께 있었던 짧은 시간에 그동안의 생각이 모두 잘못되었음을 깨달았다. 그 깨달음에 이어 온몸에서 전율이 밀려와 모든 근육을 떨게 했다.

사람들은 언제부터인가 피부색을 두고 인종 분류 수단이자 문명과 미개를 가르는 잣대로 활용했다. 유색 피부를 가진 인종, 특히 흑인들의 천대 의식은 사실 유럽의 식민화 정책에 그 원인이 있다. 힘으로 아프리카와 신천지를 개척하던 시대, 침략자인 백인들은 짙은 피부를 지닌 토착민들을 '불량한 인격', '도덕성 결핍', '열등한 존재' 같은 의미로 호도하였다.

그러나 그들은 이 세상 어느 민족과 다름없이 자연을 숭배하며 자연의 이치대로 살고 있었다. 그들만의 고유문화와 조상들이 지켜 온 풍습을 숭배하고, 가족끼리, 부족끼리 오순도순 하루하루를 행복하게 살고 있었다. 또 그들은 미래에도 그렇게 살고 싶어 할 것이다. 그렇게 온화하고 평화로운 삶을 사는 그들을, 단지 피부색이 희고 문명 세계에 산다고 짓밟고 천대시하며 그들에게 군림하는 자칭 문명인의 모순을 나는 이 시간 이 자리에서 여지없이 온 세상을 향해 고발하고 있는 것이다.

대자연을 그대로 안고 살아가는 푸두컬족은 현대인이 생각하는 좋은 옷을 걸치거나 좋은 음식을 먹지는 못하지만 그들로서는 자연에서 얻은 음식을 먹고 바람과 물에서 얻은 섬유를 걸치고 있다. 생각해 보면 대자연에서 얻은 음식과 옷이 문명인들의 그것보다 훨씬 좋을지도 모른다. 남을 해치고, 남의 것을 빼앗아야만 직성이 풀리고, 남들보다 더 갖기 위해 안달하는 현대사회의 자칭 문명인이라 말하는 사람들보다 이들은 한 차원 더 높은 문화 인간이 아닐까? 먼 훗날 오랜 세월이 흐른 후 문득 여행길에 오르고 싶을 때 나는 또다시 이곳을 찾을 것이다. 또 내 삶의 기력이 쇠잔해진 어느 시간에 흑백사진처럼 박힌 이곳의 기억을 소중하게 더듬을 것이다.

Chapter 4
셋째 날, 메리 리버와 악어

리치필드 국립공원의 폭포를 찾아

아침 일찍 서둘러 리치필드 공원으로 출발했다. 호주의 국립공원은 우리나라의 그것과는 개념이 다르다. 우선 크기와 규모부터 우리나라의 것과는 엄청나게 차이가 난다. 카카두 국립공원만 해도 그 규모가 이스라엘, 스위스 같은 국가의 영토 넓이와 비슷하다. 또 호주의 국립공원은 관념적으로도 세계인이 가 볼 만한 곳이다. 우리가 가야 할 리치필드 국립공원도 마찬가지이다.

리치필드 국립공원(Litchfield National Park)은 1500km²가 되는 넓은 지역이다. 태곳적 자연경관과 개미집, 수풀로 둘러싸인 사암 고원부와 무성한 열대우림으로 이루어져 있다. 이곳은 악어가 자주 나타나는 다른 우림 지역과는 달리 플로렌스 폭포(Florence Fall)나 왕기 폭포(Wangi Fall) 아래서 수영할 수 있어서 점점 더 인기를 얻고 있다. 공원에는 동물과 사람의 모습을 하고 자유롭게 서 있는 기암군 로스트 시티(The Lost City)를 볼 수 있는데, 이것은 별난 모습의 사암 구조가 고대의 폐허 도시를 연상시켜서 그 같은 이름이 붙여졌다고 한다. 또 다윈에서 이곳 리치필드 국립공원까지는 고속도로로 약 2시간 거리에 있는 가까운 곳이기 때문에 매년 26만 명 이상의 관광객이 이곳을 찾고 있다. 리치필드 국립공원의 이름은 영국 탐험가였던 존 리치필드의 이름을 따서 붙였다. 호주를 탐험했던 탐험가들은 주로 영국, 독일, 네덜란드인들이었다. 그런데 네덜란드인들이 주로 항구에 도착해서 그 인근 지역을 탐험했던 것에 비해, 영국인들은 호주 내륙 깊숙이 탐험했던 것이다.

더운 날씨이지만 핸들을 잡은 롭의 팔뚝에는 땀은커녕 노란 털만 열대우림처럼 바람에 날렸다. 외부 온도와 달리 자동차 실내 에어컨은 김이 나도록 찬 기운을 뿜어냈다. 너무 덥다가 갑자기 추워질 정도로 냉난방이 교차하는 것에 내 몸의 근육이 따르지 못했다. 더욱이 차 안에만 있다 보니 노곤함과 답답증이 일었다. 운전하는 롭의 팔뚝에 손바닥을 슬그머니 얹어 보았다. 롭의 억센 털의 감촉이 까칠했다. 롭이 검은 안경 사이로 왜 그러느냐는 눈치를 보인다.

"걱정 마세요. 당신 팔뚝에 있는 무성한 털이 동양인인 내 정서에는 익숙하지 않아 만져 본 겁니다."

내가 우리말로 중얼거리며 히쭉 웃었더니 롭도 따라 웃었다.

자동차의 전면 유리에 들어오는 고속도로가 끝이 없다. 땅의 높낮이가 없어 도로에도 물매가 없었다. 이러니 폭우가 쏟아지면 물이 빠지지 않아 도로가 잠기고 유실된다는 것이다. 어떻게 된 땅덩어리가 파도 없는 바다처럼 요철이 없을까? 철분이 산화된 검붉은 땅, 이 척박한 땅을 농지를 만들 인력도 없지만 아예 작물이나 과수를 심기 위한 개발 사업 같은 것도 염두에 두지 않은 모양이었다. 그렇지 않아도 땅에 비해 인구가 적어 먹고사는 데 지장 없는 나라이니 뭣 때문에 힘들게 개발할까 하는 생각도 들었다. 놀고 있는 땅이 아까웠다.

"롭, 이곳에는 작물이나 열대성 과일을 재배하지 않나요?"

"햄티두 지역에서 적은 양의 망고를 수확하지만 다른 작물은 재배하지 않아요. 지금은 아시아 과일을 시험 삼아 조금씩 키우고 있어요."

롭이 말을 이었다.

"햄티두 지역의 망고는 호주의 다른 지역보다 한 달 정도 일찍 수확해요. 첫 수확물은 크리스마스 시즌에 경매하는 전통이 있는데, 수익금은 아이들을 위한 자선 단체에 기부한답니다."

리치필드 국립공원은 여행객 접근이 용이했다. 우리가 탄 지프차가 고속도로를 2시간 정도 달리다 보니 오른쪽에 리치필드 공원 이정표가 나왔다.

리치필드 국립공원은 테이블 탑 레인지로 불리는 사암 고원 위에 자리 잡고 있었다. 이 지역은 1986년에 국립공원으로 지정되었는데, 마치 테이블처럼 평평해서 테이블 탑 레인지라고 했다. 레인지는 산봉우리가 여러 개 이어져 있는 것을 일컫는다. 이 바위산들을 구성한

플로렌스 폭포와 빌라봉을 안내하는 푯말

돌은 스펀지처럼 물을 머금고 있다가 내보내기 때문에 건기에도 폭포 물은 마르지 않는다.

리치필드 국립공원은 원래 소 농장을 경영했던 사유지였다. 그런데 수많은 폭포들이 오랜 시간 낙차하면서 자연적으로 형성된 빌라봉(Billabong, 용소)이 많았다. 빌라봉은 '영원히 마르지 않는 물'이라는 뜻의 원주민 말이다.

빌라봉은 천연 수영장으로 인기가 높아, 각국 또는 호주 각 지역에서 사람들이 몰려들면서 통제가 불가능하게 되었다. 관리가 어려워진 땅주인은 노던 테리토리 주정부에 이 땅을 팔았다. 그래서 국립공원이 된 것이다. 이후 호주 국립공원의 자연 및 야생동물 보호를 전담하는 직원인 레인저(무장 순찰대원)들이 상주하며 보호하고 있었다.

그림 속 풍경 플로렌스 폭포

우리는 다시 고속도로에서 좁은 길로 한참 달리다 황토빛 비포
장도로를 몇 번이나 지났다. 롭이 차를 정차시킨 곳은 주차장이
마련된 곳이었다. 지프차 3대와 작은 버스 2대가 주차해 있었다.

차에서 내려 나무 계단을 걸을 때였다. 장정 팔뚝보다 더 큰 시
커먼 도마뱀이 특유의 몸짓과 경계를 늦추지 않는 눈빛으로 나를
노려보았다. 아웃백 관광(오지 관광)의 스릴이라 할까?

좁은 나무 계단을 타고 협곡처럼 생긴 벼랑을 내려갔다. 바위
구석 저만치 코알라가 어린 새끼에게 먹이를 먹이고 있다. 사람
이 지나가도 무관심한 듯했으나 귀 바퀴와 눈동자는 경계의 빛이
역력했다. 200여 개의 개단을 내려갔을 때 기적 같은 장면이 눈
앞에 다가왔다.

낙차가 100여 미터가 됨 직한 두 줄기의 폭포가 요란스레 굉음
을 내며 나타났다. 떨어진 폭포 물이 고여 있는 빌라봉은 그림 속
풍경 같았다. 여기가 플로렌스 폭포였다.

더위에 지치고, 무거운 카메라에 시달리고, 땀은 눈에 엉겨 붙은
상황에서 나는 입을 다물지 못했다. 주름 파도가 무늬처럼 밀려오
는 유리알 같은 푸른 물, 젊은 인디언 처녀의 길게 두 줄로 땋아 내
린 머리칼 같은 폭포는 그 자체가 평화이자 경이로움이었다. 이곳
의 바람과 물이 수만 년을 깎고 다듬어 이렇게 아름다운 폭포를 만

리치필드 국립공원에 있는 플로렌스 폭포. 폭포에서 여행객들이 수영을 즐기고 있다.

들어 놓은 것이다. 척박한 황무지에 이런 장관이 있을 줄이야.

리치필드 국립공원에는 6개의 폭포가 있다. 그중 발견된 지 얼마 되지 않는 플로렌스 폭포가 가장 크고 아름답다. 건기가 막 지난 때라 폭포의 물줄기는 힘이 없었지만, 떨어지는 물보라가 고운 무지개를 만들고 있었다.

폭포 아래 크고 둥근 빌라봉에는 사람들이 여유롭게 수영을 즐기고 있었다. 키가 크고 날씬한 젊은 여자들의 비키니 차림이 관능미를 뿜어냈다. 어떤 여자는 배가 몹시 불러 긴 수영복을 입었다. 남자들은 모두 영양 과잉 상태로 뚱뚱한 체격이었다.

나도 저들처럼 물에 첨벙 뛰어들고 싶었다. 그것을 눈치챘는지 롭이 말했다.

"수영하세요."

손으로 푸른 물을 가리키며 들어가라는 표정이다.

"아니오. 들어가지 않을래요."

이곳 여행을 계획했을 때 수영복을 준비하라는 메시지를 받았다. 짐 꾸러미에 수영복과 수영모는 준비되어 있었지만 막상 물 앞에 서니 들어갈 엄두가 나지 않았다. 사실은 플로렌스 폭포 빌라봉 입구에서 입을 딱 벌린 악어 그림에다 빗금을 그린 악어 조심 알림판을 보았기 때문이다.

이곳 악어는 북미산 악어(Alligator)와는 달리 입이 크고 치열이 고르지 않은 아프리카산 악어(Crocodile)이다. 성격이 난폭하고, 한번 물리면 어느 동물도 빠져나오지 못하는 힘을 가졌다. 무게가 1톤 이상이 되는 놈도 많고 덩치도 북미산보다 두 배나 크다.

이곳 빌라봉의 물은 식수를 할 정도로 맑기 때문에 악어는 없을 것 같기는 했지만, 그래도 검푸른 물색으로 보아 물 깊이도 제법 될 것 같았다. 또 100미터가 넘는 높이에서 떨어지는 폭포의 위력에 겁이 났고, 물속에 악어나 뱀이 숨어 있지 않을까 하는 두려움도 있었다.

나는 어렸을 때 바닷가에서 자랐지만 물에 대한 겁이 많았다. 어느 여름날이었다. 바다에서 미역을 감을 때였다. 수심이 제법 되는 바다 밑바닥에 하얀 여자 고무신 한 짝이 파도에 일렁이고 있었다. 나는 순간 머리를 풀어헤친 여자 귀신이 붙잡는 것 같았다. 헤엄쳐 나오려 했지만 몸이 움직이지 않았다. 살려 달

물이 있는 곳에는 어디든지 '악어 주의' 표지판을 세워 악어의 출현을 경고하고 있다.

라고 소리쳤다. 그러나 나의 외침을 듣는 사람이 없었다. 기진맥진하여 겨우 나왔을 때 나는 기운을 차릴 수가 없었다. 나는 며칠을 앓아누웠다. 그 후로 나는 물이 무서워 깊은 물에 들어가지 못했다. 그때 바다 밑에 떠다니던 고무신은 쓰레기와 함께 바다에 떠내려온 것이었을 텐데 말이다.

그래도 머나먼 이국땅, 그것도 원시적 모험지인 플로렌스 폭포에 와서 그냥 갈 수는 없었다. 나는 물속에 발을 슬며시 집어넣었다. 냉기가 전신으로 전기가 흐르듯 퍼져 나갔다. 주위에 있는 서양인들이 이따금 힐끔 쳐다보곤 했다. 어느 나라 사람인가 궁금한 모양이었다.

롭이 시계를 보더니 다음 장소로 떠나자고 재촉했다. 내려왔던 계단을 다시 올라가면서도 플로렌스 폭포의 원시적 아름다움이 머리에서 지워지지 않았다. 트레일러에 실린 커다란 물통에서 페

트병에 얼음물을 따라 넣고 차에 올랐다.

롭은 리치필드 공원에는 플로렌스 폭포 이외에 왕기 폭포도 있다고 했다.

"플로렌스 폭포가 여성적이라면 왕기 폭포는 남성적이죠. 플로렌스보다 수영을 즐기기 더 좋은 곳입니다. 풀장같이 호수에 들어가는 계단이랑 손잡이도 마련되어 있으며 바로 앞까지 차로 갈 수 있기 때문에 접근이 상당히 용이합니다."

롭이 보여 주지 못해서 아쉽다는 표정으로 말을 건넸다. 하지만 우리는 일정 때문에 왕기 폭포에 들르지는 못하고 그 자리를 떠났다. 우리가 탄 지프차는 지치지도 않고 냉기를 뿜어냈다. 자동차도 여행에 익숙해진 모양이었다.

"이곳에 오는 사람들에게 빼놓을 수 없는 볼거리는 개미집이 있는 곳입니다. 여기에서 17km 정도 떨어져 있습니다. 그곳으로 가겠습니다."

롭이 액셀러레이터를 밟았다. 에어컨이 뿜어내는 냉기에 더위를 좀 식히려고 하는데 목적지에 도착했다고 한다.

개미집이라면 헬리콥터를 타고 만드라 만을 내려다볼 때 본 것이 아니냐. 또 고속도로 주변 황무지에 용암이 흘러내린 바위같이 생긴 개미집을 드문드문 보았기 때문에 크게 흥밋거리가 되지 못할 거라고 생각했다. 그러나 가까이서 보는 개미집은 태양과의 복잡한 메커니즘을 하고 있어서 신비하게 느껴졌다. 해가 많이 비치는 곳에 집을 짓는데 그래야만 번식력이 좋고 바람을 피할 수 있다는 것이다. 원주민들은 이 개미집을 긁어서 배탈이 날 때 약용으로 먹기도 한다. 과학적으로 분석해 보면 탄소 성분이 있어 노폐물이나 균을 빨아들여 배설한다는 것이다.

우리는 개미집을 잠시 둘러보고 다른 곳으로 이동했다. 점심 식사는 길가 주유소 옆 나무 탁자에서 롭이 만들어 준 샌드위치와 샐러드, 옥수수튀김으로 때웠다. 식당이 아닌 벌판에서 먹는 음식이라 그런지, 어릴 때 소풍 나온 것 같았다. 아웃백 모험 여행 기분도 한껏 마셨다.

메리 리버와 악어

늦기 전에 습지인 메리 리버에 도착해야 하기에 점심도 서둘렀다. 메리 리버 지역은 다윈과 카카두 국립공원 사이에 있어 다윈에서 약 1시간 거리로 그리 멀지 않았다. 하지만 크루즈를 타고 악어를 비롯한 야생동물이 서식하는 곳을 탐험하려면 시간을 아껴야 했다.

메리 리버에 도착했을 때 하늘에는 잿빛 구름이 피어 열기를 식혀 주었다. 나는 악어와 야생 조류들을 촬영하기 위해 망원렌즈 등 카메라 액세서리를 준비해 배낭에 넣고 정박한 관광용 보

Tip

메리 습지

메리 리버(Marry River) 습지는 톱 엔드의 8개 강줄기를 연결하는 호주 북부 해안 습지 연결 지역의 일부이다. 세계 람사르 협약에 호주 정부가 서명함으로써, 생태학적으로 중요한 지역으로 등록된 곳이다. 넓은 범람원인 습지대는 우기에 물에 잠겼다가 건기에 다시 보이는 지역이다. 메리 리버는 야생 조류, 식물, 악어 등의 주요 서식지다. 또 바라문디 낚시 장소로 널리 알려져 있어 강태공들이 많이 찾는다. 이 공원은 계절에 따라 식물군과 동물군이 달라져 이를 보러 오는 관광객으로 일 년 내내 줄을 잇는다. 메리 습지에는 '리미간 울라' 라는 담수 원주민들이 수천 년간 이 지역에서 터전을 잡고 있다. 현재도 사냥과 그들의 전통문화를 유지하며 살고 있다.

트에 올랐다. 그리고 촬영하기에 좋을 것 같아 맨 앞자리에 앉았다. 동물원에 가둬진 악어가 아니라 진짜 야생 악어의 생태를 경험하는 것이다.

멈추고 있는 듯하지만 결코 멈춰 있지 않은 유유한 강물, 수천만 년의 비밀을 간직한 고목, 강 수면을 뒤덮은 수련 등이 우리 앞에 태곳적 살점을 그대로 드러내고 있었다. 연분홍 수련과 널찍한 수련 잎에 올라앉은 옥구슬 물방울에 황혼이 들었다. 두루미, 황새 같은 새가 물가에 거닐고, 가마우지가 긴 부리로 물고기를 삼키고, 한 무리의 작은 물새들은 떼를 지어 날아다녔다.

누가 "악어다!" 하고 소리를 지르며 가리킨 곳에는 두텁게 요철이 생긴 악어가 큰 눈을 부라리고 있었다. 배를 운전하는 사람은 악어 가까이 배를 붙이며 설명에 열중한다. 악어는 한두 마리가 아니라 여기저기에 떼를 지어 있었다. 어떤 놈은 배가 곁에 다가가도 꿈적하지 않았고 어떤 놈은 긴 꼬리로 물을 차며 수중식물 사이로 들어가 버렸다. 여기가 말로만 듣던 악어의 천국이었다.

악어는 태곳적부터 살아온 지구상에서 가장 오래된 파충류 중의 일종이다. 크로커다일은 20여 종이 있으나 호주에는 크게 2가지 종류가 있는데 서식지에 따라 분류한다. 그 하나는 맑은 강이나 호수 등에서 사는 '민물 악어'와 또 하나는 큰 강 하구나 강과 바다가 합류하는 하구 등에 사는 '바다 악어'이다.

민물 악어는 온순한 성격으로 상대방을 먼저 공격하지 않는다. 그러나 배가 고프다든가, 스트레스를 받았을 때는 공격할 수도 있으니 조심해야 한다.

반면에 바다 악어는 주로 동남아시아, 인도, 남태평양의 파푸아 뉴기니 등에 서식하고 있으며 이들 지역에서는 '솔티스'라고 부르

메리 리버에서 서식하고 있는 태곳적 생태계를 보기 위해 여행객들이 크루즈선에 오르고 있다.
물속에서 두 눈만 내어 놓고 있는 악어의 모습에서 긴장감이 엿보인다.

기도 한다. 악어의 수명은 약 80년으로 인간의 수명과 비슷하다. 태생으로부터 5년 정도 지나면 성체가 되고 본능을 따라 행동하기 때문에 작은 것이라고 방심할 수 없다. 제일 큰 악어는 몸길이 7m, 체중 1톤에 달하는 놈도 있다 한다.

노던 테리토리에서는 악어가 맑은 물에도 또는 호수 지역에 있는 빌라봉에도 이따금 발견된다고 한다. 이들은 굉장히 힘이 세고 난폭하며, 상대를 공격할 때는 매복해 있다가 10미터 이상 점프하여 목표물을 공격한단다. 참으로 두려운 존재다. 카카두 공원에서도 사람을 공격하여 해를 입힌 사고가 종종 있다고 했다.

안내자가 나에게 이야기를 들려주었다.

"리치필드 국립공원을 관통해서 흐르는 피니스 강에는 스윗하트라는 악어가 살았는데 그 크기가 5.2미터나 되었어요. 스윗하트는 국립공원 직원인 레인저들이 타고 있던 모터보트에 예민하게 반응하였지요. 모터 소리를 자신의 영역에 다른 동물이 침범해 도전하는 거라고 생각한 나머지 보트를 공격한 거예요. 이에 레인저들이 총을 쏘았는데, 스윗하트는 실탄 세 발을 맞고도 3일이나 살아 있다가 죽었어요."

이야기를 듣고 나니 눈앞에 있는 악어가 점프를 할 것만 같아 몹시 두려웠다.

호주에서는 악어의 습성과 반응 등 생태를 연구하는 사람이 약 70명 있다고 안내자가 덧붙였다. 또한 현재 호주에는 약 12만 마리 정도의 악어가 산다고 했다. 지난 1974년 악어가죽을 만들기 위해 무차별 남획한 탓으로 1만 마리에 불과했던 것이 정부의 멸종 방지를 위한 보호법 제정 등의 노력으로 다시 늘어난 것이다. 현재 야생 악어는 법의 보호를 받기 때문에 포획은 불법이다. 상점 등에서 볼 수 있는 악어가죽 제품은 모두 인근 악어 농장에서 기르는 악어가죽을 이용한 제품이란다.

크루즈를 마치고 선착장에 내렸을 때는 잿빛 구름 사이로 황금빛 햇빛이 쏟아졌다. 아름다운 저 태양빛, 손 하나 대지 않은 저 푸른 원시의 땅과 생명! 나는 우주 철학을 깨우친 사람처럼 자연의 오묘함에 눈시울이 저려 왔다. 구름 사이로 붉게 타는 태양을 향해 절을 하고 싶어 무릎을 꿇었다. 태양빛이 마치 메리 습지의 모험을 축하해 주는 것 같아서였다.

우리는 또 차를 타고 이동했다. 오늘 밤은 로지에서 자야 했다. 2시간 이상을 달려 로지에 도착했을 때는 밀림 속으로 후텁지근한 어둠이 내리고 있었다.

로지에는 야영하는 사람들에게 잠자리를 제공하기 위하여 여러 개의 텐트가 쳐져 있었다. 20여 명의 사람들이 먼저 와 식사하고 있었다. 이곳에서는 맥주도 과자도 그 아무것도 팔지 않았다. 그야말로 오지였다. 아무것도 없는 오지에서 생활해 보는 것도 좋은 기회라고 생각하며 롭이 만들어 준 닭튀김과 샐러드, 볶음밥으로 저녁 식사를 때웠다.

캐더린 리버 습지대에 서식하는 생물들을 연구하기 위해 많은 학자들이 이곳을 찾는다.

텐트 안에는 모기가 많이 날았다. 빈대도 있다고 했지만 그런 것은 아랑곳하지 않았다. 밤이 깊어 가는데 대지의 열기는 여전했다. 야생동물들의 울음소리가 저녁 공기를 갈랐다. 어떤 소리는 야생 개 딩고 울음 같았다. 썩 기분이 좋지 않은 울음소리였다. 밤하늘에는 별이 보였다. 달빛마저 어스름한 것이 여행의 흥취를 더해 주었다. 로지의 밤은 텐트에서 보는 별빛 달빛, 짐승 소리, 열대 조류의 울음소리, 이따금 귓전으로 날아드는 모기 소리 같은 대자연의 맥박 소리를 들으며 하나둘씩 깊어 가고 있었다. 하지만 잠은 쉬이 오지 않았다.

Chapter 5
넷째 날, 카카두 국립공원에서

카카두 국립공원으로

  야영 텐트의 그물망 사이로 시퍼런 여명이 스며들었다. 엊저녁 머리맡에 놓아둔 손목시계가 새벽 5시를 가리키고 있었다. 익숙지 않은 열대 짐승 소리, 새소리로 인하여 밤새 선잠에 헤매다가 겨우 눈을 붙인 것이 3시간 정도 지났나 보다. 지난 저녁 공중화장실과 붙어 있는 낡은 샤워실에서 겨우 땀만 없앨 때는 피곤하여 곯아떨어질 줄 알았는데 야영의 낯섦이 쉽게 잠을 선사하지 않았다. 포개놓은 옷을 주섬주섬 주워 입고 밖으로 나왔다.

  하늘은 얇은 먹구름으로 덮여 있었다. 주위에 흩어진 텐트에서 드문드문 불빛이 새어 나왔다. 아직 태양이 떠오르지 않은 이 시간, 이곳 야생동물과 열대 조류들의 울음소리가 규칙 없이 엇갈려 들렸다. 이 소리는 분명 대지에 있는 뭇 생명들이 태양을 마중하는 하모니였다.

  어젯저녁에 롭이 "내일은 아침 일찍 카카두 국립공원으로 가야

카카두 국립공원 출입로에서의 필자. 멜룰히 공작하는 파리 떼를 방어하기 위해 그물 모자를 쓰고 있다.

합니다."라고 말했는데, 롭이 일어났는지 궁금해 조금 떨어진 식당을 들여다봤다.

　식당이래야 음식을 만들어 여행객에게 파는 곳이 아니라 음식을 만드는 장소였다. 다시 말하면 버너나 식탁을 놓아둔 곳이다. 여행객은 가지고 온 식품을 이용해 직접 만들어야 했다. 롭은 벌써 아침 식사를 준비하고 있었다.

　"굿 모닝, 롭?"

　"하이~!"

　롭의 경쾌한 목소리가 울렸다. 그는 이런 생활에 꽤 익숙해 있었다. 프라이팬을 흔들며 식사를 준비하는 모습이 자연스러웠다.

　나와 롭은 프라이팬에 구운 오리고기, 드레싱을 한 샐러드, 샌드위치 한 조각, 커피 한 잔으로 아침 식사를 마치고 카카두 국립 공원을 향해 서둘러 자동차 페달을 밟았다.

황량한 고속도로를 질주할 때였다. 캥거루들이 겁도 없이 도로를 가로질러 뛰었다. 그렇지 않아도 어제 캥거루 한 마리가 길을 건너다 우리가 탄 차에 치었는데, 고속 운전하는 데 주의가 필요했다. 2시간 정도 달렸을까. 차 유리창으로 '카카두 국립공원'의 대형 표지가 다가왔다.

공원 관리사무소를 찾기 위해 공원 입구로 들어갔다. 카카두 국립공원은 부분적으로 입장과 사진 촬영이 통제를 받기 때문에 공원 관리 담당자를 만나 이를 협의키 위해서였다. 협의를 하는 동

고속도로에서 나온 캥거루. 이곳 고속도로에는 캥거루 교통사고가 많다. 니트밀룩 공원의 케더린 협곡과 협곡 절벽에 붙은 새집 등 사람 손이 타지 않은 순수 자연의 모습이 많이 있다.

안 작은 거미들이 떼를 지어 덤벼들었다.

"아니, 이놈들이 멀리서 온 이국인을 반갑다고 환영하는 건가?"

나는 웃으며 중얼거렸다. 미리 취재를 허락 받아 두었기에 협의하는 데는 그리 어렵지 않았다. 그때부터 세계적인 카카두 국립공원의 본격적인 탐험이 시작된 셈이다. 우리는 애버리지니 록 아트(Aborigine Rock Art)의 진수를 보기 위해 우비르 록으로 향했다. 적색 토양의 비포장 길에는 구름 같은 먼지가 자동차를 덮었다.

카카두 국립공원

다윈에서 동쪽에 위치한 카카두 국립공원(Kakadu National park)은 자연적 · 문화적 가치를 동시에 인정받아 세계유산에 등재된 명소이다. 총면적이 2만 ㎢로 호주 최대의 공원이며 세계에서도 3번째 가는 규모이다. 1979년에 앨리게이터란 이름으로 국립공원으로 지정되었다가 1979년 카카두 국립공원으로 바뀌었다. 1982년, 1984년, 1985년 3차례에 걸쳐 유네스코 세계유산에 문화와 자연환경 분야로 복합 등록되었다. 보통 세계유산은 자연이나 문화 중 하나의 가치를 인정받는 데 반해 2가지 모두 인정받는 것은 보기 드문 사례이다. 넓은 대지 위에 25종의 양서류, 50여 종의 포유류, 77종의 어류와 파충류가 있고, 1600여 종의 식물과 280여 종이 넘는 조류가 서식한다. 이곳은 원시적인 생태계와 습지, 범람원, 저지대와 고원을 함께 아우르는 역동적인 지형을 가지고 있다. 또 5만여 년 전에 원주민이 거주한 것으로 추정되는 동굴과 초기 원주민들의 삶이 담겨 있는 암각화로 장식된 바위가 있다. 이것들은 보는 이로 하여금 몇만 년 전 그때로 거슬러 올라가는 시간 여행의 진수를 보여 준다.

애버리지니 록 아트에 가슴 설레며

우비르 록이 있는 우비르에 도착했을 때 눈앞에 야산이 나타났다. 그것도 5억 년 전에 생성된 화산암으로 된 산이었다. 말이 산이지 우리나라로 치면 언덕만도 못한 볼품없는 산이었다. 그러나 이곳 호주에서 흙이 아닌 바위로 된 산을 본다는 것은 그리 쉬운 일이 아니었기에 이 산에 대한 연민마저 생겼다.

조그만 주차장에 대형 버스 1대와 캠핑카 2대가 정차해 있었다. 관광객을 싣고 온 차였다. 여기서부터는 트레킹이다.

우비르는 카카두 국립공원의 이스트 앨리게이터 지역에 위치하고 있었다. 나답 범람원의 가장자리에 있는 암반 지대로 수천 년 전에 그려진 원주민의 암반 벽화를 볼 수 있는 곳이다. 그래서인지 우비르는 원주민들의 보호를 위해 일반인들의 출입을 제한하고 있다. 아넘랜드와 맞닿아 있고, 지평선 끝까지 푸른 초원이 이어져 있는데, 이것을 보면 마치 신이 살고 있는 것 같은 신비감이 돈다. 또 이 지역에는 '미개한 원주민의 음식'이라는 뜻을 지닌 '부시터커'라는 전통음식이 내려오고 있다 하였다.

롭이 물이 든 페트병을 내 손에 쥐어 주고 앞장서서 걷기 시작했다. 모서리가 날카로운 바위 길을 걸었다. 사람들이 다니고 있으니 길인 것은 분명하지만 너무 위험한 '너럭돌길'이었다. 발을 옮길 때마다 중심이 잡히지 않아 넘어질 것 같았다. 그래도 걸어야 했다.

설상가상으로 기온은 머리가 아플 정도로 뜨거웠다. 몸에 있는 수분이라는 수분은 모두 땀으로 쏟아져 나오는 듯했다. 그래도 미지의 땅을 모험한다는 흥분 때문에 땀 정도는 염두에도 없었다.

쇠파리 같은 파리 떼가 사방에 윙윙거리며 귀찮게 덤벼들었다. 노던 테리토리의 악명 높은 파리 떼의 공습을 대비하여 파리 방지용 그물을 얼굴에 뒤집어썼다. 파리 방지용 그물이란 벌꿀을 따는 사람들이 벌에 쏘일까 봐 쓰는 그물 같은 것이다.

오지 탐험을 가거나 열대림 또는 물이 있는 곳으로 들어갈 때는 파리와 끝없는 전쟁을 해야 했다. 우리가 흔히 보는 파리와는 달

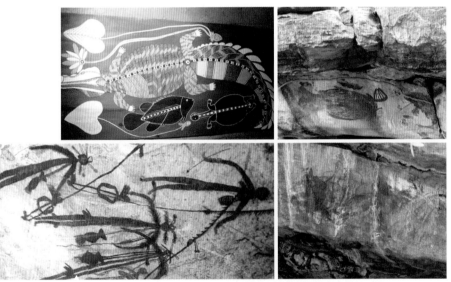

우비르에 있는 록 아트. 몇천 년 전에 생성된 원주민들의 암각화가 원형 그대로 보존되고 있어 그들의 문화를 엿볼 수 있다. 이 암각화를 보기 위해 해마다 수백만의 외국 여행객이 이곳을 다녀간다.

리 몸체가 작고 떼를 지어 다녔다. 팔을 흔들며 쫓아 보지만 그들을 쫓는 데는 조족지혈이었다. 이런 곳에 어떤 이유로 파리가 많은지는 잘 모르지만 아마 이곳에 서식하는 식물에 먹이가 있는 게 아닐까 싶었다. 잎이 넓은 나뭇가지를 꺾어 이리저리 흔들며 파리를 쫓았다. 참 고역스러운 경험이었다. 하지만 어떤 면에서는 모험 여행이 이런 것이 아닐까 하는 흥미로움도 있었다.

"아, 참 재미있다."

"뭐가 재미있어요?"

"파리와 전쟁하는 것 말이요."

여러 곳에 석류 같은 부시애플과 낚시할 때 물에 넣으면 산소가 없어져 물고기의 힘이 없어진다는 밀크우드 열매들이 보였다.

얼마나 걸었을까. 큰 빌딩처럼 크고 집 처마처럼 생긴 황갈색의 바위가 여기저기 나타났다. 첫째 바위 주위에는 먼저 온 관광객이 모여 있었다. 주로 유럽 사람들이었다. 바위에는 황갈색과 응고된 핏빛 같은 색의 선명하지 않은 그림들이 남아 있었다.

"아, 이것이 내가 이번 여행에서 바라던 것, 먼 옛날 원주민들이 그려 놓은 암각화로구나!"

나는 암각화 앞으로 바짝 다가갔다. 그림에는 바라문디, 메기, 가숭어 등 이 지역 고유 물고기가 있는가 하면 고아나 도마뱀, 긴 목 거북, 돼지코 거북, 둥근 꼬리 바위 포섬, 왈라비도 그려져 있

우비르 정상에서 평원을 바라보는 롭. 평원 곳곳에 연기가 피고 밀림 어느 곳에서
디저리두 소리에 맞춘 원주민들의 노랫소리가 들릴 듯 평화로운 곳이다.

었다. 그리고 장총을 든 서양인 그림도 있었다. 그 외에도 인간이
나 동물을 X선 화법으로 정교하게 그린 추상화들이 있었다.

꿈의 그림이었다. 아득한 옛날 그 당시 원주민의 생활상과 영혼
이 고스란히 담긴 독특한 화법이었다. 암각화를 보는 순간 나는
문화의 영원성에 감탄하고 말았다. 그 때문인지 두려움과 현기증
이 한꺼번에 몰려와 나무 난간에 기대어 주저앉아 버렸다. 지구가
태양 주위를 수천 바퀴 도는 억겁의 시간 동안 저 빛깔이 어떻게
견뎠을까? 원주민들은 어떤 안료를 썼을까? 나는 정신을 가다듬
고 카메라를 챙겨 바쁘게 셔터를 눌러 댔다.

안내판에는 암각화의 유래 등이 자세히 설명되어 있었다. 생선
을 먹을 때는 어느 부분에 독이 있으니 발라내라, 사람이 어디가

아프면 어떤 식물로 처치해라, 총을 든 서양인을 조심해라 등 생활의 지혜를 자손에게 알리는 일종의 교육 서적이었다.

원주민들은 몇천 년 후의 후손을 위해 이런 교육적인 전달 방법을 택한 것이다. 이것으로 보아 그들은 나 혼자만이 아니라 우리 모두 공존하는 문화를 누렸음을 알 수 있었다.

지금도 그들은 추장이 따로 없다고 한다. 남녀를 막론하고 연장자면 부족을 이끄는 족장이 된다고 한다. 그들은 함께 의논하고 결속한다. 심지어는 어떤 부족에게 아이 출생이 없다면 그 부족에게 가임 여성을 보내기도 한단다.

이런 것을 보면 동서고금을 막론하고 어느 문명이 우월하고 인간적이냐 하는 것은 단정 지을 수 없는 것이 아닐까?

계곡을 따라 변화무쌍하게 펼쳐지는 다양한 암각화는 노던 테리토리 최고의 관광지로 관광객을 끌어들이고 있었다. 이곳 안내에 경험이 많은 롭은 그림 하나하나까지 열심히 설명했다.

1시간 정도의 트레킹 끝에 우비르 록 정상에 있는 쿤카라 전망대에 올랐다. 전망대에서 바라보는 광활한 벌판과 늪지대, 길게 선을 그은 협곡이 더위를 식히는 바람처럼 펼쳐졌다. 이곳에서 영화 〈크로커다일 던디〉를 촬영했다고 롭이 말했다.

광활한 땅 여기저기에서 희뿌연 연기가 피어나고 있었다. 우리나라로 말하면 산불 같은 것이었다. 일 년 내내 그칠 줄 모르는 산불의 발화 원인은 인위적인 것과 자연적인 것을 들 수 있으나 당국에서도 꼭 집어낼 수가 없다 하였다. 황혼 때문인지 우비르록 정상에서 보는 범람원과 절벽의 장관은 원주민들의 화려한 문명처럼 황금으로 변해 있었다.

나는 이 시간에 타임머신을 타고 2만 년 전으로 돌아가 원주민과 함께 생활하는 착각에 빠졌다. 2만 년 전 이 땅의 주인인 원주민들은 디저리두 소리에 맞춰 춤을 추며 그들만의 신앙과 삶과 역사를 창조하고 있었다. 거기에 내가 그들과 함께 살고 있었다.

"사람들의 영혼은 땅으로부터 왔고, 죽음과 더불어 다시 그곳으로 돌아간다. 당신의 아버지, 형제, 어머니가 그랬듯이. 그리고 당신이 죽었을 때 땅은 당신의 뼈가 되고 피가 된다."

원주민 선각자의 말이 떠올랐다.

저 멀리 황야 어디선가 신과 소통하는 악기 디저리두 소리에 맞추어 춤추는 부족민의 모습이 파노라마처럼 펼쳐지고 있었다.

호주 노던 테리토리 톱 엔드로의 모험 여행은 멀고도 척박한 길이었다. 여행을 떠나기 전부터 예사 여행이 아니라는 것을 대충 예상은 했지만 현지 사정은 예상보다 더 고역이었다.

35도를 넘나드는 살인적인 더위, 수백 km를 달려도 인적 하나 보이지 않는 광활한 외로움, 수만 년을 내려온 수림, 새벽하늘을 찢는 야생동물의 앙칼진 울부짖음, 보기만 해도 두려운 악어들의 출현, 밀림 속 악명 높은 파리 떼의 공격 등이 있을 때마다 "왜! 내가 이런 고난과 싸워야 하는 거지?" 하는 후회스러운 반문도 해 보았다. 하지만 여행을 마치고 난 톱 엔드의 인상은 내 생애에 가장 큰 스승으로 가슴 한복판에 다가와 있었다.

톱 엔드로의 여행을 계획할 때부터 내게는 2가지 뚜렷한 욕심이 있었다. 첫째는 손대지 않은 원형 그대로의 자연을 체험하고 남보다 먼저 기사화시킨다는 것과, 둘째로는 그 지역에 거주하는 원주민들의 삶과 문화를 알고 싶다는 거였다. 특히 점점 줄어들고 있는 원주민들의 종족 보존과 번식에 대한 방법을 알고 싶었다. 그런데 여행 후의 답은 사람이 손대지 않은 태곳적 자연이야말로 이 세상에서 가장 웅장하고 아름다운 예술품이었다는 것과,

자연과 공존하는 원주민의 삶은 탐욕이 없고 전쟁도 없는 평화였다. 또 그들에게도 수만 년을 지켜 온 차원 높은 문화가 있다는 것을 알았다. 특히 종족 보존과 번식에 따른 의구심에는 그들도 이 세상 모든 사람과 한 치도 틀림없는 사람이었기에 그런 의구심을 가졌다는 자체가 지독한 모순이었다. 어쩌면 피부색이 검다는 관념적인 편견 때문에 그들을 두고 미개인이라 치부해 버린 나 자신이 진정 미개인이 아닌가 싶었다. 나는 이런 사실을 깨달았을 때 온몸으로 저항할 수 없는 반성의 통증과 전율을 고스란히 받았다. 그것은 지금껏 내가 알고 배워 왔던 교육과 눈앞에 있는 현실과의 엄청난 괴리 때문이었다. 이번 노던 테리토리 톱 엔드로의 여행은 자연과 평화, 그리고 자연과 공존하는 인간의 삶을 뜻있게 가르쳐 준 참스승이었다.

현대를 사는 우리는 너무 많은 것을 가졌다. 그러나 행복의 가치는 줄었다. 이는 더 많은 것에 대한 잣대를 갖다 대기 때문에 많이 가졌다는 사실조차도 모르고 살아간다. 이곳 원주민들은 흔히 문명인이라 말하는 사람들이 가진 좋은 것과 편리한 것은 못 가졌어도 그들만의 평화와 행복을 가지고 있었다. 숯검댕이 피부의 원주민 푸두컬족과 헤어질 때 자신들을 찾아온 이방인들이 보이지 않을 때까지 두 손 높이 흔들어 주던 순간, 그리고 크고 깊은 눈망울을 가진 어린 소녀의 배웅이 오랜 시간 동안 가슴에 남아 있다. 그것은 적어도 남대문시장에서 물건만 만지작거리다 나가는 외국인 뒤통수에 대고 재수 없다고 침을 뱉는 행동과는 근본적으로 다른 인간애였다.

나는 어느 날 문득 일상의 모든 것을 훌훌 털고 여행을 떠나고 싶어질 때가 생기면 그곳으로 가련다. 온갖 생명의 잉태와 죽음이 함께하고 있는 광활한 대지의 강과 숲, 넓고 망망한 평원 어딘가에서 디저리두가 내는 자연의 참소리가 들리는 곳, 그 모든 것이 어우러진 참된 평화가 그리워질 때면 나는 그곳을 다시 찾을 것이다.

평화! 그것은 하느님이 인간에게 내린 가장 행복한 선물이니까.

Autumn light
put out by the Czech

Czech
Prague
Brno

Czech

Chapter 1
천년의 역사가 숨 쉬는 예술의 도시, 프라하

동경의 여행지, 프라하에 도착하다

'윤재희, 그녀를 다시 만났다. 나와는 많이 다른 그녀. 그래서 나와는 어울리지 않는 그녀. 그런 그녀가 자꾸만 내 주위를 맴돈다.

사랑하는 사람과 울며 헤어지고, 그러면서 또 새로운 사랑이 시작되고……. 그래도 바츨라프 광장에는 여전히 노란 가을빛이 쌓인다.'

이는 2005년 SBS에서 방영되어 최고의 시청률을 올린 드라마 〈프라하의 연인〉의 한 장면이다. 프라하 현지에서 촬영해 프라하의 아름다움을 우리네 안방에 보여 주어 한층 친숙해진 체코 프라하(Prague). 이러한 친숙함으로 인해 프라하는 더욱 나에게 동경의 여행지로 다가와 있었다.

나는 체코에 대한 홍보 기사를 두어 번 쓴 기억이 있다. 한 번은 한–체 수교 20년을 맞아 야로슬라브 올샤 주한 대사를 만나 양국 관광 교류에 대한 현실과 전망을 인터뷰한 것과 또 하나는 프라하 5월 축제에 관한 기사를 보도 자료에 의해 쓴 것으로 실제로 현지를 방문하지는 못했다. 그래서 그런지 프라하는 늘 가고 싶은 여행지였다.

약소국이면서도 '프라하의 봄'을 일으켜 세계의 주목을 받은 나라, 체코. 중세 유럽의 다양한 건축물이 넘치고, 문화와 예술을 사랑하는 체코 국민들의 정서를 알고, 체코가 지닌 역사, 문화, 자연 등을 경험하고 싶었다. 또 불세출의 작가 카프카, 세기의 음악가 스메타나와 드보르자크, 아르누보의 대가인 알폰스 무하의 생애도 알고 싶었다.

체코 관광청은 매년 봄과 가을에 세계 여러 나라의 여행 담당 기자와 여행업 종사자들을 초청해 자국의 관광지를 홍보하고 취재케 하는 팸투어를 개최했다. 이는 자국 관광자원을 세계 여러 나라에 홍보하는 관광객 유치 행사였다. 이번 가을 행사에 우리나라에서는 나와 여행업을 하는 K 사장, H 사장 모두 3명이 초청을 받았다. 우리나라에서 체코 관광청 업무를 대행하는 최순명 대표의 추천이었다. 이번 초청에서 내가 맡은 임무는 여행을 다녀와서 체코 관광지를 소개하는 기사를 쓰는 것이다.

가을이 막 시작되는 9월 중순, 드디어 체코 여행을 떠나게 되었다. 우리가 타고 갈 비행기는 오전 7시 10분에 이륙하는 체코항공이었다. 우리나라 국적기인 대한항공이나 아시아나항공도 인천-

프라하 간을 취항하고 있었으나, 체코 정부는 자국 국적기인 체코 항공을 이용하게 하였다.

공항까지 나가는 시간과 비행기 시간에 맞추다 보니 새벽 3시에 일어나 부랴부랴 씻고 집을 나서야 했다. 멀리 여행을 떠난다는 긴장감과 프라하 여행의 기대감 때문에 밤새 잠을 설쳐 몸이 가뿐하지는 않았다.

인천공항에서 목적지인 프라하 루지네(Ruzyně) 공항까지의 비행 시간은 대략 11시간 소요된다. 출발할 때부터 가볍지 않은 컨디션이었는데 좁은 이코노미석에 꼼짝없이 몇 시간을 앉아 있으려니 죽을 맛이었다. 뻐근한 뒷머리에, 끊어질 듯한 허리, 육신이 뒤틀리는 괴로움…… 정말 고통 그 자체였다. 이 고통은 인간에게 즐거움을 주기 전에 시련을 주는 신의 섭리인데, 그렇게도 가고 싶었던 예술의 도시 프라하를 가는데, 이깟 고통쯤이야!

나는 입 속으로 스스로를 위로하며 꾹 참았다.

프라하 루지네 공항에 도착한 시간은 현지 시간 오후 6시 5분이었다. 목적지 프라하의 하늘은 온통 주홍빛으로 물들어 있었다. 나는 길고도 지루한 시간을 잘 참아 준 나 자신에게 장하다는 인사를 건넸다.

"오랜 시간 수고했다. 자, 그럼 출발해 볼까?"

입국 수속을 마치고 대합실로 나왔다. 팸투어를 출발하기 전의 사전 미팅에서 우리 일행을 마중하러 체코 본국 관광청에서 보낸 사람이 공항에서 기다릴 것이라는 말을 들었기에 대합실에 있는 사람들을 이리저리 살피는데, 내 이름이 적힌 피켓을 들고 있는 한 청년이 보였다. 그가 체코 관광청에서 우리 일행을 마중 나온 사람이었다.

가까이 다가가 서로 간단한 인사를 나눈 후 그 청년을 따라갔더니 25인승 버스가 기다리고 있었다. 버스 안에는 이미 10여 명의 사람들이 옹기종기 앉아 있었다. 얼굴에 노란 털이 북슬북슬한 중년의 남자도 있었고, 긴 곱슬머리에 푸른 눈을 가진 젊은 여성도 있었다. 창백하면서도 수줍은 표정을 짓는 여인은 러시아 말을 쓰고 있었고, 그녀와 얘기를 나누는 청년은 예술가의 분위기를 풍겼다. 검은 머리를 올백으로 넘긴 중년의 여인은 수다가 이만저만이 아니어서 차내가 떠들썩했다. 조금 전에 우리 일행을 데려온 청년이 말하기를 이들은 모두 체코 관광청에서 초청한 외국 기자와 여행업 관계자라고 했다.

일행을 태운 버스가 오늘 묵을 호텔을 향해 출발했다. 창밖으로 넓은 초원에서 한가롭게 풀을 뜯는 말들이 보이는가 하면, 금가루를 뿌려놓은 듯 반짝거리는 강줄기를 보여 주기도 했다. 차창에 비치는 생소한 유럽 풍경이 시야에 들어올 때마다 이제야 프라하에 도착했다는 성취감과 안도감으로 의자 깊숙이 몸을 기대었다.

1시간 남짓 지난 후에야 우리가 묵을 홀리데이 인 호텔에 도착했다. 홀리데이 인 호텔은 프라하 시내에 자리한 아담한 호텔이었다. 건물 앞 호수에는 물줄기를 뿜어내는 큼직한 분수가 있었고, 높이 자란 고목들이 호텔 주위를 둘러싸고 있었다. 노란 국화꽃과 이름 모를 가을꽃들이 조화롭게 피어 있어 얼핏 보아도 고급스러운 분위기였다.

버스에서 내린 일행은 각자 짐을 챙겨 호텔 안으로 들어섰다. 넓은 로비에는 얇은 주황색 벽면 위로 드리워진 조명등이 아늑하고 따뜻한 분위기를 자아냈다. 로비 중앙에 여러 사람이 웅성거리며 서로 악수를 나누고 있었다. 네덜란드, 스페인, 러시아, 미국, 일본, 중국 등 세계 27개국에서 초청된 기자들과 여행업 관계자들이었다. 비록 생김새와 언어는 다르지만, 하는 일이 비슷해서 그런지 단시간에 오래된 친구처럼 가까워졌다. 짧은 일정이지만 함께해야 할 동지들인 셈이다.

체코는 중부 유럽에 위치한 내륙 국가로, 크기는 한반도 면적의 약 1/3 정도이다. 그래서일까. 체코의 역사를 보면 중부 유럽의 강대국으로 포위된 지리적인 취약점 때문인지, 유럽에서 벌어진 전쟁의 영향을 그대로 받았다. 수도인 프라하도 자주 포위되거나 침략자들에게 점령당했다.

그러나 체코인들은 침략자들에 대한 물리적인 결사 항전보다 협상과 조건부 항복으로 국민의 희생을 최소화하곤 하였다. 이런 정책들은 후세에 나라를 지키지 못했다는 비난을 받기도 하였지만, '프라하'라는 세계적인 문화도시를 생존시키는 데는 큰 역할을 하였다.

체코의 국민은 문화 예술에 대한 자긍심이 대단히 강하다. 그들의 삶은 예술 속의 삶이라고 할 정도다. 수세기 동안 치욕스러운 고통을 당해야 했던 그들에게는 예술이 곧 위안이며 힘이었다. 어떤 면에서는 체코 국민의 예술성은 정치와 관련되어 성장한 셈이다. 또 체코 예술의 민족주의적 성장은 외부 세력으로부터 민족자존을 지키려는 예술가들에게 견인되었던 것이다. 체코의 예술가들은 조국의 절망과 고통을 씹으며, 한편으로는 국민들의 가슴에 조국의 희망을 심었다.

체 코

체코(Czech)는 유럽의 중앙 내륙에 위치한 공화국으로 독일, 폴란드, 오스트리아, 슬로바키아 등에 둘러싸여 있다. 약 7만 9천 ㎢의 면적에 인구 1천만 명 정도가 살고 있는데, 슬라브 민족의 분파인 체코인이 90% 이상으로, 체코인 단일 민족인 셈이다. 1989년까지 공산 정권에 의해 구 체코슬로바키아 연방공화국으로 통치되어 왔지만, 1993년 1월 체코와 슬로바키아 공화국으로 분리되면서 성공적인 경제개혁을 이루었다. 1995년에는 OECD(경제협력개발기구)에, 2004년에는 EU(유럽연합)에 가입하여 성장 개도국으로 변화하고 있다.

결국 그들은 국민들의 정신적 지도자가 되어 체코의 자유를 쟁취하는 원동력이 된 것이다. 그런 의미로 체코인들은 조국 체코를 동유럽의 국가로 불리기보다 '체코 중심의 유럽'으로 불리기를 원했다. 그만큼 모국의 역사와 문화에 자긍심이 깊은 것이다.

지난해 한-체 수교 20주년을 맞이해, 주한 체코 야르슬로바 올샤 대사는 이렇게 말했다.

"대사의 임무 중에 비중이 큰 쪽은 정치, 경제, 외교입니다. 그러나 체코만은 문화를 빼놓을 수 없습니다."

이 말은 그들만의 전통문화를 존중하고 예술을 사랑하는 체코인들의 국민성을 단적으로 설명한 것이다.

체코는 12개 유네스코 세계문화유산을 보유한 나라로, 특히 수도 프라하는 세계가 인정하는 문화 예술의 도시이다. 중세 유럽의 정치, 문화, 경제, 교역의 중심 도시인 프라하. 천년의 문화를 꽃피운 프라하는 도시 전체가 하나의 예술품이다.

지금 내가 그런 도시의 한가운데에 서 있다. 호텔의 대형 유리창 너머로 황록색의 가을빛이 흠뻑 배어든 9월의 프라하가 나에게 사선으로 다가오고 있었다. 그리고 가을빛과 함께 빛나는 프라하의 거리에서 어떤 보물들이 숨어 있다가 갑자기 나타나 나를 반길까, 하는 체코 여행의 기대와 흥분으로 슬며시 들뜨기 시작했다.

체코 관광은 음악·문학·건축에서 시작된다

카프카, 스메타나, 드보르자크, 알폰스 무하 같은 사람들은 근래에 프라하를 반석 위에 올린 주역들이며, 프라하에서 태어나거나 거주했던 예술인들이다. 그들은 누구보다도 프라하를 사랑한 세기의 인물들이다.

그중에서 스메타나는 체코 국민의 심장에 영원히 새겨진 〈나의 조국(Mávlast)〉을 작곡한 음악가이고, 드보르자크는 체코 국민들의 영혼을 걸러 낸 교향곡 〈신세계로부터(From The New World)〉의 작곡자이다. 그리고 불세출의 음악 천재인 모차르트가 있는데, 프라하를 위해서 작곡한 〈돈 조반니(Don Giovanni)〉는 체코인의 영육에 녹아 있다. 또 체코의 화가이며 장식 예술가 알폰스 무하는 아르느보 양식의 대표적인 작가다.

체코에는 '체코 사람이면 모두 음악인'이라는 속담이 있다. 그만큼 누구나 악기를 잘 다루며, 음악을 즐긴다는 의미이다. 체코인들은 일상생활 곳곳에 음악이라는 민속적 요소가 짙게 배어 있다. 그렇다고 꼭 클래식만 즐기는 건 아니다. 포크송에서부터 클래식까지 다양한 음악 장르와 친숙하다.

1980년대 체코는 공산권 치하였다. 이때, 비틀스의 록 음악은 금지곡이었다. 하지만 비틀스의 음악은 국민들에게 정치적 자각을 불러일으켰다. 지금도 프라하 시가지에는 '존 레논 벽(Zed' John

Lennon)'이 있는데, 젊은이들에게 반체제 문화의 집결지로 사용 되고 있다.

그뿐이 아니다. 해질 무렵 아코디언 소리를 들으며 노천카페에 앉아 맥주를 마시는 것은 체코인들의 낭만적이고 평화로운 일상이 다. 또한 봄과 여름이면 도시 곳곳에서 음악 축제와 공예품 축제 를 연다. 특히 매년 6월 카를로비바리와 프라하에서 개최되는 영 화제, 체스키 크룸로프에서 열리는 국제고전음악제는 체코가 자랑 하는 문화이자 관광자원이다.

프라하의 대표적인 문학인으로는 《세계대전 중의 용감한 병사 슈베이크의 운명(Osudy dobrého vojáka vejk za světové války)》을 쓴 야로슬라프 하셰크(Jaroslav Hašek)와 《성(城)》을 쓴 프란츠 카프카 가 있다. 하셰크는 갖가지 실수를 저질러 혼란을 일으키는 주인공

슈베이크를 통해, 당시 오스트리아-헝가리 제국 군대와 사회의 모순을 날카롭게 그려 냈다. 또한 카프카는 우울하고 정신 분열적인 소재로 당시 체코의 상황을 잘 반영했다. 하세크와 카프카는 체코의 국민 작가로, 체코인을 이해하기 위해서는 먼저 이 둘의 작품을 읽어 봐야 한다. 카프카, 스메타나, 드보르자크, 알폰스 무하는 말미에 따로 설명하겠다.

사람들은 흔히 프라하를 '백 개의 첨탑이 있는 도시'라고 표현한다. 유럽의 강국들이 체코를 지배할 당시에는 폭력과 강제 추방, 조국 상실, 종교 탄압 등의 이유로 암흑과도 같은 시기였다. 그러나 그들의 침략으로 인하여 새로운 신앙이 들어왔고, 새로운 교회가 세워졌다. 또 군주들은 궁정을 지었다. 다양한 양식의 첨탑들이 이 시대에 건축된 것이다. 전쟁은 이 도시의 상실만큼 새로운 건축과 신비함을 남겼다. 하나를 버리면 하나를 얻는다는 진리가 이런 데서도 통한 거다. 이렇듯 백 개의 첨탑은 한 시대의 상실과 복원의 산물이다. 또 이 산물은 프라하가 천년의 오랜 역사를 가진 중세 유럽의 도시임을 입증하기에 충분하다.

나는 이번 여행에 프라하의 역사, 문화, 예술에 특별히 관심을 두기로 마음먹었다. 그래서 프라하를 반석 위에 올려놓은 주역들의 생가와 유물이 보관된 박물관을 방문하기로 계획하였다. 그런 다음 시가지 지도 위에 방문지 하나하나를 붉은 펜으로 표시해 두었다.

보헤미안의 낭만이 서린 블타바 강

저녁 식사를 간단히 끝내고 프라하의 상징인 블타바 강으로 가기 위해 카메라와 펜, 노트를 챙겼다. 어둠이 내린 프라하의 밤은 서울처럼 복잡하지는 않았다. 오히려 한 나라의 수도답지 않게 고요하면서도 황홀했다. 도시 전체를 물들이는 원색의 조명 때문이었다.

블타바 강으로 가는 데는 비셰흐라드 역에서 지하철을 타야 했다. 비셰흐라드 역은 내가 묵는 호텔에서 걸어서 10분 거리에 있었다. 프라하 시의 지하철은 관광 명소를 비롯해 시내 곳곳을 연결하는 가장 빠르고 편리한 교통수단이다. 그래서 대부분의 관광객들이 지하철을 이용한다. 우리나라처럼 운행하는 구역에 따라 A(녹색), B(노란색), C(붉은색) 등 3개 노선으로 구분되어 있다.

이곳 지하철 역사들은 탄광의 갱도처럼 크고 깊다. 전쟁을 대비해 방어 시설로 건설되었다는 말이 나올 정도이다. 예를 들어 나미스티 미루 역은 지하 52미터에 위치하고, 약 100미터 길이의 유럽에서 가장 긴 에스컬레이터가 설치되어 있다. 초스피드로 움직이는 에스컬레이터 덕분에 지하철을 이용하는 데는 오랜 시간이 걸리지 않는다. 오히려 에스컬레이터의 속도가 매우 빨라 현기증을 느낄 정도이다. 지하철의 외형은 우리나라 지하철과 비슷하지만 폭이 좁은 협궤이다.

우리나라 지하철과 다른 게 있다면, 승차권 발매기가 지하철역 입구에 마련되어 있다는 것이다. 반드시 탑승 전에 승차권을 구매해서 역 입구에 있는 노란색 박스에 표를 집어넣어 탑승 시간을 찍

블타바 강을 따라 운항하는 유람선. 프라하 사람들과 여행객들은 이 유람선을 타고 맥주와 와인을 마시며 즐긴다.

어야 한다. 프라하는 우리나라처럼 승차권을 넣어야 기계가 문을 열어 주는 시스템이 아니라, 승객들의 양심에 따라 자유자재로 지하철이나 버스를 탈 수 있다. 모르고 그냥 탑승을 하거나, 일부러 무임승차를 했다가는 불쑥 나타난 검표원에게 꼼짝없이 벌금을 물어야 한다. 검표원들은 주로 사복을 입고 순시하는데, 현지 사정을 잘 모르는 관광객들이 많이 걸린다고 한다. 그래도 탑승객의 95%는 요금을 지불하고 탄다고 했다.

내가 타야 할 지하철은 B라인이었다. 찻간에 들어서자 클래식 음악이 흐르고 있었다. 저녁때라 그런지 차내는 그리 붐비지는 않았다. 비셰흐라드 역을 출발한 지 약 20분 후 무제움 역에서 하차해 다시 A라인으로 환승했다. 프라하의 지하철은 우리나라에 비해 구간이 훨씬 짧고, 갈아타는 통로도 그리 복잡하지 않았다. 두

정거장을 지나 스타로메스츠카 역에 도착했다. 블타바 강변으로 갈 사람은 이 역에서 내리라는 안내 방송이 흘러나왔다.

지하철에서 내려 고개를 들어 보니, 까마득하게 경사진 초스피드 에스컬레이터가 보였다. 계단 끝이 역 출구인 것이다. 에스컬레이터에서 내리자 강바람이 얼굴에 쏴 하고 스쳤다. 어디선가 스메타나의 〈나의 조국〉이 흘러나와 내 귓속에 조용히 담긴다. 눈앞에 펼쳐진 블타바 강물에는 붉고 푸른 조명 빛이 내려앉았다. 원색 불빛을 드리운 유람선이 강물 위를 물 흐르듯 흘러갔다. 강변에 마련된 카페 테이블에는 사람들이 둘러앉아 있었다. 젊은 연인들은 강물을 바라보며 사랑을 속삭이고, 가족들은 화기애애한 분위기 속에 강바람을 즐겼다. 사람들 앞에는 저마다 커다란 맥주잔이 놓여 있었다. 프라하의 낭만은 저 거품 가득한 맥주로부터 시작되는 건 아닐까?

강둑과 연결된 언덕을 따라 푸르고, 노랗고, 진홍빛을 띤 조명 속에 속살을 감춘 첨탑 구조물이 보였다. 마치 천상에 떠 있는 것같이 신비로웠다. 백만 달러에도 팔 수 없다는 프라하의 야경. 블타바 강이 프라하 사람들의 삶과 낭만을 품고 꿈틀거리고 있었다.

블타바 강은 원래 엘베 강의 한 지류이다. 체코에서 가장 긴 강으로 프라하 도시를 S자로 감고 흘러간다. 이 강은 보헤미아 남서부의 산림 지대인 슈마바를 흐르는 두 원류로 독일까지 흘러간다.

세계적인 작곡가 스메타나는 그의 작품 〈나의 조국〉 전 6곡 중에서 두 번째 곡인 〈블타바(독일어로 몰다우)〉에서 이렇게 표현하였다.

블타바는 졸졸 흘러 바위에 부딪쳐
가벼운 소리를 내며 햇빛에 반짝인다.
물굽이는 점차 넓어져 큰 강의 모습으로 변하는데
강 언덕에는 수렵의 나팔 소리가 들린다.
농부 결혼식에서는 즐거운 춤이 벌어지고,
달빛 아래 요정들은 즐거이 춤을 춘다.

이렇게 표제음악으로 묘사하다가, 드디어 프라하에 이르러 유유히 대해로 흐를 때에는 폭넓고 힘차고 밝은 멜로디로 변한다. 블타바 물결이 흐르는 것 그대로를 '나의 조국 블타바'로 오선지에 옮긴 것이다.

프라하의 생명줄인 블타바 강. 수많은 굴곡의 역사를 안고 묵묵히 흘러가는 저 물결. 블타바 강을 바라보고 있으니, 내 눈앞에 서울의 한강이 오버랩되었다. 약소국이었기에 안아야 했던 역사적인 비극에 대해서는 두 강이 너무나도 흡사했다. 또 그런 역사적인 사연을 안은 채 묵묵히 흘러가는 물결조차 두 강물은 닮아 있었다.

밤이 깊어지자 호텔로 돌아가야 했다. 내일 아침부터 빡빡하게

프라하의 야경. 전통 양식의 건물에 조명을 주어 마치 천상에 온 듯 환상적이다.

짜인 스케줄이 기다리고 있었기 때문에 일찍 쉬어야 했다. 그러나 아름다운 야경에 매료되어 선뜻 발을 돌리기가 망설여졌다.

나는 이런 아쉬움을 달랠 겸 작은 맥줏집에 들렀다. 강변에서 멀리 떨어진 곳이라 그런지 가게 안은 텅 비어 있었고, 60촉짜리 전등불만이 실내를 오롯이 비추고 있었다. 늙수레한 주인 남자에게 생맥주를 한 잔 주문했다.

날라진 맥주잔에 구름처럼 거품이 피어오른 맥주를 단숨에 비웠다. 체코의 정통 맥주인 필스너(Pilsner)가 목구멍을 타고 짜릿한 여운을 남기며 목줄을 탔다. 갈증이 났던 건 아니었다. 어쩌면 블타바 강 위를 비추는 현란한 조명과 맥주잔을 앞에 놓은 시민들의 낭만에 목말랐는지도 모른다. 맥주를 한 잔 더 청했다.

어느 정도 취기가 오르자 호텔로 돌아왔다. 침대에 누웠지만 잠은 오지 않고, 불빛 어린 강물이 자꾸만 눈앞에 아른거렸다. 짤깍짤깍, 손목시계의 초침 소리만이 들리는 프라하의 첫날 밤. 나는 입술에 남겨진 맥주 맛을 음미하며 눈을 감았다. 한 잎 두 잎 강물 따라 흘러가는 나뭇잎처럼, 프라하의 밤도 깊이깊이 흘러가고 있었다.

야외 미술관을 떠올리게 하는 카를대교

이튿날 석양빛이 붉게 물들 무렵, 나는 블타바 강을 가로지르는 카를대교(Karlův most, 카를교)에 들어섰다. 헝가리에서 온 젊은 여기자 '실리비아'와 동행이었다. 실리비아는 굽슬굽슬한 갈색 머리와 깊은 눈을 가진 매력적인 여인이었다.

블타바 강에는 여러 개의 다리가 띄엄띄엄 놓여 있다. 그중 강 서쪽 프라하 성과 강 동쪽 상인들의 거리까지 연결하는 카를교는 '세상에서 가장 아름답고 사랑스러운 다리'로 명성이 자자하다. 이 다리는 1406년 카를 4세 때 축조된 석교(石橋)로 왕의 이름을 따서 붙여졌다. 그 이전에 세워진 다리는 그냥 볼품없는 돌다리였다. 그 당시 카를교는 유럽에서 최초로 지어진 다리였으나 여러 차례 홍수를 겪으며 훼손되었다. 카를 왕은 홍수에도 끄떡없는 튼튼한 다리를 세우고 싶었다. 어느 날 카를 왕은 꿈을 꾸었는데, 꿈속에서 성인이 나타나 홀숫날에 다리를 세우면 프라하가 번성하고 다리도 안전하다는 꿈이었다. 그날 이후 카를 왕은 다리가 있던 자리에 새로운 다리를 짓기 시작했다. 그때가 1357년 9월 7일 5시 31분이었다.

'135797531'이라는 홀수의 나열 때문인지 다리를 세운 지 600여 년이 흐른 지금도, 카를교는 그 모습을 그대로 유지하고 있다. 또 현재까지도 다리의 초석을 놓은 오전 5시 31분을 기리며 축포를 쏘는 풍습이 남아 있다.

　길이 516m인 카를교를 받치고 있는 기둥만 해도 무려 16개나 된다. 지금과 같이 건설 기계가 없었던 중세 시대에 만들어진 다리치고는 실로 어마어마하게 큰 규모이다. 하지만 사람들에게 카를교가 유명한 이유는 따로 있었다. 다리 양편에 세워진 30여 점의 조각상 때문이다. 이 조각상들은 성서 속 인물과 체코 성인들의 조각상이다. 카를교를 걷고 있노라면 이 조각상들 때문에 마치 어느 이름 있는 야외 미술관에 온 듯한 느낌이 들게 한다.

　"원더풀! 오, 원더풀!"

　실리비아가 감탄사를 연발하며 카메라의 셔터를 눌렀다. 실리비

카를대교. 프라하의 상징인 카를대교는 세상에서 가장 아름다운 다리로 이름이 높다.
516m 다리 위에 성서 속의 인물과 체코 성인들의 동상 30여 점이 세워져 있어 야외 박물관을 방불케 한다.

아는 20대로 전형적인 서양 미인의 조건을 갖추고 있었다. 늘씬한 키에 푸른 눈, 알맞게 살이 붙은 몸매, 이따금 바람에 날리는 갈색 머리가 그녀의 얼굴에 드리울 때면 유혹을 느낄 정도였다. 서양인 이라서 아름답다기보다, 젊다는 것 자체에서 아름답다고 하는 게 더 맞을 것이다. 젊지 않으면 아름답지도 않다는 건 아니다. 하지 만 젊음 그 자체에서 뿜어져 나오는 건강한 아름다움은 누구도 부 인할 수 없지 않은가.

그녀는 얼마 전에 결혼한 남자와 헤어졌다고 스스럼없이 말했다.

"이혼을 했다고요? 실리비아 같은 미인을 두고 이혼했다니 믿 어지지 않는군요."

카를 4세

카를 4세(Karl Ⅳ, 1316~1378)는 보헤미아의 왕(1346~1355) 이자, 신성로마제국 황제(1355~1378)이다. 보헤미아 왕 바츨라 프 3세의 여동생 엘리슈카 프르셰미슬로브나와 보헤미아 왕 얀 루쳄부르스키 사이에서 태어났다.

그는 1356년 교황이 독일 정치 문제에 간섭하는 것을 막기 위하여, 황제의 선거 권을 일곱 사람의 제후(諸侯)로 한정하였다. 그래서 국왕의 선거제를 확정하였다. 그는 영토를 넓히는 일보다 보헤미아 통치에 더 힘을 기울였다. 젊었을 때 파리에 서 공부하여 높은 교양을 몸에 지녔고, 최초로 프라하에 대학을 세웠다. 그는 상공 업을 육성하고, 시민층을 보호하였으며 학예를 장려하였다. 현재 프라하에는 그를 기리는 카를대교가 있다.

내가 의아한 얼굴로 묻자, 실리비아가 별일 아니라는 듯 말했다.

"살다 보니 사랑이 시들어졌어요. 그래서 헤어졌답니다."

그녀는 이따금 헤어진 사람이 생각난다고 했다. 한참 동안 말이 없던 그녀가 입을 열었다.

"나는 밀도 높은 시간을 사랑할 줄 아는 여자입니다."

그녀의 붉은 입술에 미소가 어렸다. 별 뜻 없는 미소였다. 나는 그녀가 말한, 밀도 높은 시간을 사랑할 줄 안다는 말이 무슨 뜻인지 이해되지 않았다. 그러나 더 이상 묻지 않고 말머리를 돌렸다.

"참, 아름다운 다리입니다. 특히 실리비아와 같이 매력적인 여인과 함께 취재하며 이 다리를 걸으니 더욱 의미가 있군요."

나의 의도를 알았는지 그녀도 화제를 돌렸다.

"한국에는 가 보지 못했지만 경제 성장이 빠른 나라라고 들었습니다."

실리비아는 현재 헝가리의 경제를 말하며 유럽연합(EU)의 경제가 무척 어렵다고 했다.

그때, 어디선가 슬라브 무곡의 선율이 바람결에 실려 왔다. 다리 곳곳에서 거리의 악사들이 아코디언과 바이올린을 연주하고 있었다. 그들은 바이올린의 짧은 현에서 스메타나와 드보르자크의 음악을 풀어내고 있었다. 돈을 받지 않고, 음악이 좋아서 연주한다는 그들의 흥이 멋스러웠다.

"너무 좋다, 자기야!"

어딘가 귀에 익은 말소리에 뒤돌아보니 한국인으로 보이는 듯한 여행객들이었다.

"한국에서 오셨어요?"

먼 이국땅에서 우리나라 사람을 만난다는 건 무척 반가운 일이다.

"네, 부산에서 왔습니다. 가족 여행을 온 거예요."

"난 서울에서 왔습니다. 그럼, 건강히 여행을 즐기세요."

나는 인사를 건네고 걸음을 옮겼다.

황혼이 드리워진 다리 위에는 동양인, 서양인 할 것 없이 어깨를 부딪칠 정도로 사람이 많았다. 다리 위를 오가는 사람들이 마치 카를교 밑을 흐르는 물결 같았다. 그들 대부분이 타국에서 온 관광객이었다.

다리 어디쯤엔가 이르자 유난히 눈길을 끄는 조각상이 있었다. 머리 위에 다섯 개의 별이 원형으로 둘려져 있는 '얀 네포무츠키(Jan Nepomucký) 신부'의 조각상이었다. 십자가에 못 박힌 예수가 그려진 작은 십자가를 가슴에 안고 슬픈 눈으로 먼 하늘을 바라보는 얀 네포무츠키 신부. 그의 조각상이 이러한 모습을 한 데에는 안타까운 사연이 담겨 있다.

카를 4세의 아들인 바츨라프 4세가 통치를 하던 시절, 얀 네포무츠키 신부는 프라하 교구를 담당하는 주교였다. 그는 왕비의 고해성사를 들어주는 임무도 맡고 있었다. 어느 날 얀 신부는 왕비의

얀 네포무츠키 신부 동상. 얀 신부를 포함한 30개의 조각상들은 약 250년에 걸쳐 만들어 낸 작품이다. 현재 다리에 있는 조각들은 모두 모조품이고 원작품은 라파다리움 국립박물관에 보관되어 있다.

카를대교에서는 다리 위에서 연주하는 악사들과 다리를 오고가는 관광객들, 관광객을 상대로 초상화를
그리는 화가 등 다채로운 모습을 볼 수 있다.

외도에 대한 고해성사를 받았다. 이 사실을 눈치챈 신하는 왕에게 고해바쳤다. 왕은 즉시 얀 신부를 불러들여 고해성사의 내용을 말하라고 명령했다. 그러나 신부는 끝까지 입을 열지 않았다. 이에 진노한 왕은 신부의 혀를 자르고 죽여 블타바 강에 던져 버렸다. 그 후 신부의 시신을 물에서 건졌을 때 시신의 머리 위로 별 다섯 개가 원을 지으며 반짝였다.

이후 다리 위에 세운 조각상의 머리 위에서도 별 다섯 개가 빛을 발하는 것은 그 때문이다. 죄인의 자존심과 자신의 의무를 지키기 위해 목숨까지 내놓은 얀 네포무츠키 신부. 사람들은 아직까지도 그를 잊지 않고 고결한 성품에 경의를 표하는 것이다.

얀 네포무츠키 신부의 조각상을 떠받친 받침대에는 2개의 동판이 붙어 있는데, 여기에 손을 대고 소원을 빌면 행운이 깃든다는 전설이 있다. 이곳을 방문하는 관광객들은 너도나도 소원을 빌기 위해 줄을 서서 기다릴 정도이다. 어찌나 많은 손길이 닿았는지, 신부를 강물로 던지는 모습을 조각한 동판은 황금색으로 반질반질했다.

황혼이 물든 다리 난간에 기댄 채 젊은 남녀들이 거리낌 없이 포옹하고 키스하는 모습도 이곳만의 정취이다.

체코의 젊은이들은 성과 사랑에 자유분방하다. 그러나 지나치게 노골적이지는 않다. 그들의 영혼에 잠재된 도덕관념 때문이다. 단

편적인 예로 길거리나 공공장소에서 진한 포옹을 하거나 키스하는 건 흔히 볼 수 있지만, 다른 유럽 국가에 비해 과한 모습은 아니다.

오래전에 우리나라에서 상영된 영화 〈프라하의 봄〉에는 체코인들의 밀회와 혼외정사를 노골적으로 다루고 있다. 하지만 이 영화는 정치적 억압에 놓인 환경에서 개인의 자유와 자유분방한 성을 묘사했을 뿐이지 실제와는 거리가 있다고 한다.

프라하 젊은이들은 건강하고 활달한 면이 있는가 하면, 차분하고 조용한 면도 있다. 억압을 벗어나 개방과 자유, 풍요로운 생활과 좋은 교육, 찬란한 중세 문화를 이끈 국민성 등을 배경으로 그들은 밝은 미래를 꿈꾸고 있다. 그것은 거리를 활보하고 있는 체코 젊은이들의 밝고 건강한 표정에서도 읽을 수 있다.

체코인들은 오랜 세월 사회주의 통치하에 있었기 때문에 남녀 지위가 평등하다. 이는 노동 영역에서도 마찬가지이다. 또한 그들은 전통적으로 조혼하는 풍습이 있다. 기름진 육류와 감자, 고구마 같은 전분을 주식으로 한 것이 원인이 되어 평균수명이 짧기 때문이라고 한다. 단명인 그들에게 조혼은 당연시되어 있다. 그리고 결혼을 하면, 남자는 생계를 유지하기 위해 돈을 벌어야 하고, 여자는 집안 살림을 도맡아 하는 것이 당연하다고 생각한다. 체코인은 가족주의 생활을 중요시한다. 이런 환경은 아이들에게 도덕적인 관념을 지니게 했다. 이러한 풍습은 우리와도 매우 흡사했다.

프라하의 자긍심, 바츨라프 광장

다음 날 일찍 바츨라프 광장(Václavské Náměstí)이 있는 신시가지를 찾았다. 신시가지는 1308년 카를 4세가 황제에 어울리는 도시로 조성한 곳이다. 옛날에는 이곳이 건초 시장, 우시장, 말 시장이어서 주로 장인들과 상인들이 거주하였다. 하지만 오늘날에는 호텔, 상점, 레스토랑과 같은 현대식 건물들이 들어서 있어 중세와 현대가 뒤섞인 오묘한 분위기를 뽐내고 있다. 신시가지의 중심은 바로 바츨라프 광장이다.

바츨라프 광장은 우리나라의 광화문 광장처럼 길게 뻗은 대로였다. 광장 입구를 따라 양편으로는 키 큰 나무들이 즐비하게 서 있었고, 네모반듯하게 꾸며진 정원에는 가지각색의 꽃들이 피어 있어 유서 깊은 이 광장의 품위를 한껏 높여 주었다. 프라하 사람들은 바츨라프 광장을 '체코의 역사적 중심지'라고 부른다. 20세기 들어 이곳이 가장 크고 주요한 일들의 무대였기 때문이다.

1918년 오스트리아-헝가리 제국의 몰락과 함께 체코슬로바키아 공화국이 바츨라프 광장에서 선포되었다. 또 1948년 공산당이 권력을 장악하여 사회주의 공화국을 선포한 곳도 이곳이다. 또한 1968년 자유를 갈망한 체코 국민들이 공산주의에 항거해 민주화 운동이 시작된 곳도 이곳이다. 이곳 바츨라프 광장에서 소련 탱크에 맞서 100여 명의 사상자를 낸 '프라하의 봄'이 시작된 것이다.

그때 자유를 갈망했던 두 청년 '얀 팔라흐(Jan Palach)'와 '얀 자이츠(Jan Zajíc)'가 분신을 하였는데, 아직도 살아 있는 듯한 모습으로 이 광장에 그들의 동상이 서 있다. 그로부터 10년 후, 1989년 11월 18일 프라하 예술 아카데미 학생들과 배우들이 공산 정권에 항거하여 자유주의를 얻어 냈던 '벨벳 혁명'의 중심지도 바로 이곳 바츨라프 광장이다. 이런 의미로 보면, 체코의 역사적 가치를 안은 바츨라프 광장은 체코 국민들의 고동치는 심장이다.

오늘도 바츨라프 광장에는 수많은 사람이 모여 있었다. 노란색과 푸른색 조끼를 입고 장난감 나팔과 호루라기를 불며 행군하는 이들도 있었다. 대열 속 군데군데 경찰 복장을 한 이도 눈에 띄었다. 이들은 임금 인상을 요구하는 프라하 시민이라고 했다. 이들은 시위를 하면서도 표정은 그리 심각하지 않았다. 싱글벙글 웃는 사람이 있는가 하면, 지나가는 사람들에게 손을 흔드는 이도 있었다. 최루탄을 터뜨리고, 곤봉을 휘두르고, 죽창으로 찌르고, 물대포를 쏘아 대는 우리나라 시위와는 근본적으로 달랐다.

광장이 시작되는 지점에 이르렀을 때였다. 체코인들의 마음속 깊이 자리 잡고 있는 성 바츨라프 왕의 용감무쌍한 기마상이 보였다. 기다란 창을 들고 검은색 투구로 얼굴을 가린 바츨라프 왕은 하늘 높이 앞발을 쳐든 말을 타고 막 적진을 향해 진격하는 모습이었다.

바츨라프 왕은 보헤미아의 기사들을 이끌고 적진에 나가 승리를 거두어 나라를 지킨 자랑스러운 왕이다. 지금도 체코 국민들에게는 가장 존경하는 역사상의 성인으로 남아 있다. 비록 재임 기간은 짧았지만 지덕을 겸비한 진정한 통치자로, '선한 리더십'의 대명사로 여겨지고 있다. 이와 관련된 바츨라프 왕의 유명한 일화가 있다.

어느 추운 겨울날이었다. 바츨라프 왕은 가난한 농부가 길거리에서 땔감을 줍는 것을 보았다. 그 모습을 안타깝게 바라보던 왕은 직접 땔감과 먹을 것을 짊어지고 눈보라를 무릅쓰면서 농부의 집을 찾아갔다. 그만큼 백성들을 사랑했던 것이다. 이 이야기는 해마다 크리스마스 캐럴로도 불리고 있다.

바츨라프 기마상 뒤로 보이는 국립박물관(Národní Muzeum)으로 갔다. 1885년부터 1890년까지 5년에 걸쳐 완공한 이 박물관은 체코의 재건을 상징하기 위해 건축되었다. 체코에서 가장 오래된 박물관이자, 광물학·인류학·고고학 등 역사에 관련된 유물을 전시하는 세계 10대 박물관 중의 하나이다. 르네상스 양식의 화려하면서도 웅장한 건물과 수많은 조각상, 석조 장식은 그야말로 장관을 이룬다.

전시관은 모두 3개 층으로 되어 있었다. 1층에는 체코 최대의 장

바츨라프 광장에 여행객을 위한 마차가 있다. 광장 뒤로 국립박물관이 보이고, 광장 한쪽에 머리와 수염이 백발인 노악사가 보헤미안 음악을 연주하고 있다.

서를 소장하고 있는 도서관이 있고, 역대 위인들의 회화와 흉상을 전시하고 있었다. 중앙 홀은 5월과 6월이면 클래식 콘서트 장소로도 이용된다고 했다. 2층에는 체코의 선사시대로부터 현대에 이르는 고고학 유물과 8천여 점의 조류, 포유류, 어류, 곤충, 인체 관련 박제와 수집품 등이 보관되어 있었다.

박물관 계단을 올라 석상들이 서 있는 난간에 올라서자 바츨라프 광장이 시원스레 내려다보였다. 역사의 소용돌이를 아는지 모르는지, 바츨라프 광장은 그저 침묵하고 있었다. 광장에 모인 사람들도 평온한 모습이었다. 손에 든 카메라에서는 놓칠 수 없는 장면들을 담기 위해 연신 셔터가 터지고 있었다.

성 바츨라프(Svaty Václav, 907경~929)

보헤미아 최초의 왕 바츨라프 1세. 체코의 수호성인으로 국민들에게 추앙받고 있다. 재임 기간은 짧았지만 지덕을 겸비한 통치자로서 국민에게 깊은 감동을 주었기 때문이다. 할머니였던 성 루드밀라에 의해 그리스도교도로 성장했다. 비(非)그리스도교였던 어머니가 성년이 될 때까지 섭정을 하였다. 바츨라프가 실권을 잡게 되었으나 그리스도교와 비그리스도교 사이의 싸움이 끊이지 않았다. 929년 독일의 침입을 받고 독일의 하인리히 1세에게 항복했다. 항복을 반대하던 일부 귀족들이 음모를 꾸며 바츨라프는 그의 동생 볼레슬라프한테 살해당했다. 그 뒤 그의 무덤에서 기적이 일어났다. 이 소식에 놀란 볼레슬라프는 그의 유해를 932년 프라하의 성 비투스 대성당으로 옮겼다. 성 비투스 대성당은 중세 동안 중요한 순례지가 되었다. 19세기에 만들어진 크리스마스 캐럴 〈고결하신 바츨라프 왕〉은 그의 높은 덕을 기리는 노래이다. 현재 프라하에는 그를 기리는 바츨라프 광장이 있다.

Chapter 2
중세 유럽의 미를 간직한 구시가지 광장

천문시계와 눈 먼 시계공의 전설

하벨 시장, 구시가지 광장, 박물관 등 프라하의 유명한 관광지는 바츨라프 광장 끝머리부터 시작된다. 나는 구시가지 광장으로 발길을 옮겼다. 신시가지에 혁명의 시간을 간직한 바츨라프 광장이 있다면, 구시가지에는 중세 유럽의 미를 간직한 또 다른 광장이 존재하기 때문이다.

구시가지 광장은 11세기경 교회와 상인들의 주거지를 위해 만들어진 곳이다. 광장 주변에는 구시청사와 천문시계(Orloj), 프라하성, 달리보르 탑 등 중세의 모습을 그대로 간직한 아름다운 건축물들이 빼곡하게 들어서 있다. 고딕, 르네상스, 바로크, 로코코 양식의 건축물들 사이를 걷다 보면 마치 중세에 와 있는 건 아닌가, 착각이 들 정도였다. 정교한 로코코 양식의 골즈 킨스키 궁전, 카프카의 생가, 고딕 양식으로 개축한 중세의 건축물들이 저마다 명성에 걸맞은 아름다움을 자랑하고 있었다.

그중 구시가지 광장을 관광 명소로 만든 일등 공신은 구시청사 외벽에 설치된 천문시계이다. 구시청사 앞에는 500여 명에 가까운 사람들이 바글바글 모여 있었다. 수세기 동안 변함없이 울리는 천문시계를 보기 위해서이다. 프라하를 홍보하는 인쇄물 중에 여지없이 등장하는 천문시계. 천체의 운행까지도 표시하는 천문시계가 이방인들의 발길을 꽁꽁 묶어 놓고 있었다.

두 개의 프라하의 봄

'프라하의 봄'이란 1968년 공산주의에 항거한 자유화 운동을 가리키는 말이다. 예술가와 학생 등의 지식층이 중심이 된 민주화 운동으로, 당시 소련을 추종하는 노보트니 정권을 무너뜨리고, 두브체크 당 제1서기를 옹립함으로써 일련의 공산 개혁을 추진하고 정책의 변화를 일으킨 것이다. 그러나 이 민주화 운동은 그리 오래가지 못했다. 바르샤바조약기구 국가들이 탱크를 앞세우고 프라하를 침공해 다시 공산 치하로 들어갔기 때문이다. 이 민주화 운동은 당시 세계가 주목하는 역사적인 사건이었다. 또 다른 '프라하의 봄'은 세계적인 음악 축제의 공식 명칭이다. 이 축제는 매년 5월 12일부터 6월 2일까지 약 3주간에 걸쳐 성대하게 펼쳐진다. 1946년 체코 필하모니 창단 50주년에 맞추어 당시 상임 지휘자였던 라파엘 쿠벨리크(Rafael Kubelik)에 의해 시도되었다. 개최일은 체코가 낳은 위대한 음악가 스메타나가 서거한 5월 12일을 기념했다. 이 기간에는 도시 전체에 스메타나, 모차르트, 드보르자크의 음악이 흐른다. 환상적인 도시 분위기까지 더해져 수많은 예술가와 관광객의 발길을 프라하로 돌리게 한다. 이는 체코 최고의 관광 상품으로 국가 경제에도 크게 기여하고 있다.

사람들은 약속이라도 한 듯이 구시청사 벽면을 향해 고개를 빼고 있었다. 그들의 얼굴들에는 긴장감과 호기심이 넘쳤다. 아빠의 목에 무동을 탄 남자아이는 시계탑을 향해 연신 손짓을 하였고, 콧잔등까지 안경을 늘어뜨린 할머니는 뻣뻣한 목을 이리저리 돌리면서도 눈으로는 계속 시계를 응시하였다. 이 천문시계는 매시 정각이면 그리스도의 12제자들이 시계탑에 설치된 작은 창문으로 나타났다가 사라지면서 시간을 알려 준다. 특히 정오에는 보이는 것이 달라 관람객이 더 많이 모인다고 한다.

드디어 시곗바늘이 12시를 향해 움직였다. 순간 찬물을 끼얹은 듯 사방이 조용해졌고, 시계의 종소리를 들으려고 사람들은 귀를 세웠다.

2개의 원반 위에 있는 천사의 조각상 양옆으로 창문이 열렸다. 죽음의 신이 울리는 종소리와 함께 그리스도의 12제자가 창밖으로 천천히 나타났다.

"우아, 대단하군!"

"천문시계는 사람들에게 '여명의 시간이 다가오면 허영과 부도 아무 소용이 없다'는 것을 매시마다 종소리로 울리며 알리는 거야."

사람들은 일제히 환호성을 질렀다. 그 모습을 하나라도 놓치지 않기 위해 사람들은 카메라 셔터를 눌러 댔다.

이어서 시계 위쪽의 황금색 닭이 울면서 12시를 알리는 벨이 울리자 순식간에 인형들이 제자리로 돌아가고 창문이 닫혔다.

이 모든 일들은 눈 깜짝할 사이에 일어났다. 사람들의 얼굴에는 어느새 감동과 아쉬움이 뒤섞여 있었다. 차마 발길을 떼지 못하고 마냥 시계를 올려다보는 이들도 있었지만, 시계의 창문은 열리지 않았다.

이 천문시계는 1410년, 지금으로부터 약 600여 년 전에 만들어졌다. 그동안 여러 번 작동을 멈추었으나 수리를 거듭한 끝에 이제는 프라하에서 없어서는 안 될 명물로 자리를 잡았다. 프라하를 방문한 관광객이라면 이곳을 둘러보지 않은 사람이 거의 없을 정도이다. 정교한 천문시계의 움직임도 볼거리지만, 시계 앞에서 천문시계를 뚫어지게 올려다보는 사람들의 모습 또한 하나의 관광이었다.

나는 이 천문시계를 보자, 체코의 작가 알로이스 이라세크가 쓴 《구시가지 시계의 전설》이 떠올랐다.

1410년, 프라하 대학의 수학 교수인 하누쉬(Hanuš)와 조수 미쿨라셰는 천문시계를 함께 만들었다. 완성된 시계가 시청사에 걸리자 사람들은 그 정교함에 감탄을 금치 못했다. 시계는 상하 2개의 큰 원형으로 이루어져 있었는데 매우 복잡해 보였다.

"위쪽의 원은 천동설의 원리에 따른 해와 달과 천체의 움직임을 묘사했습니다. 일 년에 한 바퀴씩 돌면서 연, 월, 일, 시간을 나타냅니다. 아래쪽 원은 열두 개의 계절별 장면들을 묘사하여 보헤미아의 농경 생활을 보여 주고자 한 것입니다."

하누쉬의 설명이 끝나자 사람들은 찬사를 아끼지 않았다. 시

구시청 청사 외벽에 있는 시계탑. 프라하를
여행하는 사람들은 대부분 이곳을 다녀간다.

계탑 내부에서 톱니 하나하나가 다 계산된 역할을 수행하고 있다니, 게다가 이 모든 생각이 단 한 사람의 머리에서 나올 수 있다니 도저히 믿어지지 않았다. 마치 시계는 생각과 영혼을 가진 듯 정확하게 작동하고 있었고, 이 모든 작동법을 이해하고 있는 것은 오직 하누쉬뿐이었다.

시계에 대한 소문은 보헤미아 왕국을 넘어 멀리 외국까지 퍼졌다. 그 아름다움에 매료된 다른 도시와 주변 국가들은 이 시계를 갖고 싶어 했다. 하누쉬에게 똑같은 시계를 만들어 달라는 주문이 쇄도하자, 시의회는 불안해지기 시작했다. 그들은 이 보물을 어느 누구와도 나누고 싶지 않았다. 이 시계야말로 세상에 단 하나뿐인 시계가 되기를 원했다.

시장과 시의원들의 욕망은 결국 엄청난 범행으로 이어졌다. 하누쉬가 다시는 똑같은 시계를 만들지 못하도록 하누쉬의 두 눈을 파내어 장님으로 만들어 버린 것이다.

이제 하누쉬에게 세상은 완전한 어둠이었다. 몸은 점점 쇠약해

가고, 마음의 병 또한 점점 깊어졌다. 하누쉬는 마지막 남은 힘을 다해 자신의 옛 제자를 찾아가 천문시계에 데려다 달라고 부탁했다. 하누쉬는 죽기 전에 단 한 번이라도 자신이 만든 시계를 만져보고 싶었다.

시청 앞에는 많은 사람이 모여 시계가 울리기를 기다리고 있었다. 하지만 하누쉬를 알아보는 사람은 아무도 없었다. 심지어 시의원들은 하노쉬를 외면했다. 부축을 받으며 어렵게 시계탑에 오른 하누쉬는 어둠 속에서 부품들이 똑딱거리는 소리를 들으며, 시의회에 대해 생각했다. 그들이 자신에게 어떤 일을 저질렀는지, 얼마나 고통스럽게 만들었는지 생각했다. 하누쉬는 손으로 시계를 더듬어 기계를 조작했다. 잠시 후 하누쉬가 손을 떼자 바퀴들이 미친 듯이 돌기 시작했다. 그것들이 똑딱거리다가 삐걱거리다 다시 똑딱거리는 것을 반복하더니 마침내 멈춰 버렸다. 시계 장치는 꿈쩍도 하지 않았고 하누쉬는 바닥에 쓰러졌다.

그는 집으로 옮겨졌지만 곧 숨을 거두고 말았다. 시계를 수리할 수 있는 사람이 단 한 사람도 없었기 때문에 시계는 계속 멈춰 있었다. 다른 곳에서 더 좋은 시계를 만들지도 모른다는 두려움과 자신들만이 차지하겠다는 욕심에 사로잡힌 시장과 원로들은 모든 것을 잃고 만 것이다.

오랜 세월이 흐른 뒤에야 시계가 복구되었다. 그리고 비할 데 없이 진기한 골동품으로 오늘날까지 작동하고 있다.

알로이스 이라세크는 소설 《구시가지 시계의 전설》에서 천문 시계에 얽힌 전설을 이렇게 풀어내었다. 전설을 떠올리며 천문시계를 다시 보니, 시계가 더욱 신비롭게 느껴졌다. 하누쉬의 서글픈 운명과 전설이 담긴 천문시계는 똑딱똑딱! 영원히 멈추지 않고 움직일 듯했다.

중세 유럽 건축물들의 집결지, 프라하 성

프라하를 찾아온 여행객들에게 가장 보고 싶은 건물을 꼽으라면 '프라하 성'이다. 프라하 성은 여러 장르로 볼거리가 풍성하기 때문이다.

이른 아침부터 돌아다닌 탓에 다리도 아프고 뱃속도 헛헛했다. 맥주라도 한잔 마실까 했지만 꾹 참고 걸음을 옮겼다. 프라하 성 앞에서 펼쳐지는 근위병 교대식을 보기 위해서였다.

프라하 성 앞 흐라드차니 광장에서는 정시마다 근위병 교대식을 한다. 그중 12시에 하는 교대식이 가장 화려하고 성대하여 많은 관광객이 모인다.

일행 중 한 명이 지난번 프라하를 방문했을 때는, 인파에 떠밀려 겨우 근위병들의 뒤통수만 봤다고 하자 모두 웃음을 터뜨렸다. 그는 그래도 자기는 나은 거라고 했다. 어떤 이는 담장에 둘러진 창살에 대롱대롱 매달려 보더라고 했다. 그 말을 들으니 근위병 교대식이 더욱 기대되었다.

광장은 사람들로 발 디딜 틈이 없었다. 키가 훤칠한 군인 한 명이 관광객들을 뒤로 물려 근위병들이 지나갈 길을 길게 만들었다. 잠시 후 토스카 궁전 뒷골목에서부터 옅은 파란색 정복을 입은 근위병들이 3열 종대를 지어 다가왔다. 근엄한 표정에 딱딱 맞는 발걸음을 보고 있자니, 어릴 적 가지고 놀았던 장난감 병정들이 살아나 움직이는 것 같았다.

런던의 근위병 교대식이 일종이 퍼포먼스라고 한다면, 이곳 프라하의 근위병 교대식은 실제 임무 교대식이다. 이렇게 교대식을 한 근위병들은 정문 양쪽에 서서 보초를 서는데, 관광객들이 그 옆에 서서 각종 포즈를 잡아도 눈 하나 깜짝하지 않는다. 그 모습 또한 재미있다. 근위병 교대식이 끝나자 사람들이 뿔뿔이 흩어졌다. 나는 본격적으로 프라하 성을 둘러보기로 했다.

프라하 성은 겉보기에는 커다란 하나의 성처럼 보이지만, 실제로는 성벽으로 둘러싸인 광대한 지역에 왕궁, 교회, 수도원 등 여러 건물이 들어서 있다. 이 성은 체코를 대표하는 건축물이자, 현존하는 중세 시대의 성 중 가장 큰 규모라고 평가받는다. 9세기 말부터 건설해 18세기 말에야 현재와 같은 모습이 되었으니, 시작에서 완성될 때까지 자그마치 900년이나 걸렸다. 로마네스크 양식으

프라하 성 정문 앞의 그리스신화에 나오는 타이탄 동상.
몽둥이를 들고 있는 사람이 오스트리아인, 엎드려 있는 사람은 체코인이다.

로 지어진 것을 시작으로 13세기 중엽에는 초기 고딕 양식이 덧붙
여졌고, 14세기에는 고딕 양식으로 지어진 왕궁과 성 비투스 대성
당(St. Vitus Cathedral, 성 비트 성당) 등이 건축되었다. 이어 15세기
말에는 후기 고딕 양식이 첨가되었고, 1526년 합스부르크 왕가가
이 지역을 지배하면서 다시 르네상스 양식이 도입되었다. 이후에
는 바로크 양식이 가미되었다. 프라하 성은 그야말로 중세 유럽 건
축물들의 집결지인 셈이다.

이 성은 구시가지의 블타바 강 맞은편 언덕에 자리하고 있다. 원
래는 교회가 있던 자리인데 왕궁을 지어 사용해 오다가, 1918년 체
코슬로바키아 공화국이 되면서 대통령 관저로 바뀌었다.

전설에 따르면 '리부셰'라는 왕비가 궁전 설립의 계시와 함께 강력하고도 풍요로운 도시가 블타바 강 언덕을 따라 일어날 것이라고 예언을 했단다. 특히 이곳은 예로부터 슬라브족이 숭배하는 장소로서 신성한 곳이라고 전해 오고 있다.

프라하 성 정문 기둥 위에는 그리스신화에 나오는 거인 타이탄의 조각품이 있다. 두툼하고 커다란 몽둥이를 힘껏 치켜든 사람은 오스트리아인이고, 그 아래 엎드려 맞는 사람은 체코인이다. 오스트리아의 합스부르크 왕가가 체코를 지배할 당시 그들의 힘을 과시하고자 이와 같은 조각품을 세운 것이다. 노골적으로 식민 통치의 위협과 박해를 형상화한 것이다. 치욕이나 다름없는 이 조각상을 철거하지 않은 이유는, 후대에 역사적인 교훈을 심어 주기 위해서라고 한다. 원래는 사암으로 만들어졌으나 기후의 영향으로 그 형태가 변하자 현재에는 석강으로 대체하였다.

프라하 성에 들어선 뒤, 아치형 관문을 지나자 바로크 양식의 아담한 분수가 관광객을 반겼다. 제2정원에 있는 '코르 분수'였다. 하늘을 향해 시원하게 뿜어져 나오는 물줄기가 초가을의 더위를 식혀 주었다. 나는 화려한 대리석 길로 연결된 제1 중정문과 제2 중정문을 지나 성 비투스 성당으로 향했다.

성인들의 혼이 깃든 성 비투스 대성당

성 비투스 대성당은 세계 5대 성당 중 하나이다. 로마네스크, 바로크, 고딕 양식이 혼합된 건물로, 매우 웅장하며 프라하 시가지 어디에서나 눈에 띄는 건축물이다. 이 성당은 복잡한 건축사가 얽혀 있다. 926년 바슬라프 왕이 지은 교회 건물 위에 1344년 카를 4세가 새로 성당을 짓기 시작했고, 1929년 완공될 때까지 무려 1천 년의 시간이 걸렸다. 성당 왼쪽 문을 장식한 모자이크를 비롯해 세기를 뛰어넘는 예술품들이 성당 곳곳에 있다. 천사들에게 둘러싸인 성인들의 조각상에서는 금방이라도 심장에서 붉은 피가 흐르고, 살아 숨 쉴 것처럼 생명력이 엿보인다.

길이 124미터에 폭 60미터의 이 웅장한 성당을 장식하는 또 하나의 볼거리는 화려한 무늬의 창문들이다. 그중 정문 위에 만들어진 '장미의 창'은, 어느 잘 꾸며진 정원에 향기를 품고 있는 생화처럼 섬세하고 정교하게 장미넝쿨이 새겨져 있다. 무려 2만 7천여 장의 색유리가 사용되었다고 한다. 이 창은 13세기 유럽 고딕 양식의 원형으로 영생과 완전함을 표현한 것이라고 했다.

성당 내부로 들어서자, 시대에 따라 다양한 기법으로 만들어진 스테인드글라스에 탄성이 절로 나왔다. 빨강, 파랑, 노랑 등의 원색 유리를 창틀에 끼워 성인들의 일생을 그린 스테인드글라스. 햇살이 비칠 때마다 저마다 다른 색채를 뽐내는 풍경이 성당의 장중

함과 신비함을 느끼게 했다. 어떻게 인간의 손에서 저와 같은 아름다운 작품이 나올 수 있을까. 더욱 놀라운 건 이 그림들이 모두 손톱만 한 유리 조각들로 섬세하게 이어진 모자이크라는 점이다. 모두 성경에 나오는 주요 사건을 그림으로 기록한 것인데, 그 옛날 글씨를 모르는 백성들에게 성경을 가르치기 위해 그림으로 표현한 것이라고 한다.

이 스테인드글라스들은 천부적인 재능을 가진 아르누보 미술가들의 걸작이다. 그중 체코의 대표적인 예술가 알폰스 무하의 작품도 있다. 슬라브 민족의 역사와 신화를 소재로 서사적인 작품을 많이 남긴 무하는 체코인들이 가장 사랑하는 화가 중 한 명이다. 색의 마술사라는 명성을 지닌 무하의 작품답게 그의 작품은 유리에 화려하게 수놓아져 있다. 무하의 작품은 모자이크가 아닌 그림으로, 여행객들에게 단연 최고의 인기를 모으고 있다.

성 비투스 성당은 여러 개의 기도실과 예배당이 있었다. 그중 하나인 본당 주위에는 보석과 도금으로 마련된 화려한 예배당이 있다. 이는 체코의 수호성인 바츨라프를 추모하기 위해 만들어졌고, 바츨라프의 유물이 전시되어 있어 반드시 들러야 할 곳이다. 석류석, 자수정, 에메랄드로 장식된 벽면, 14세기에 그려진 벽화와 조각상, 황금 성궤 등 눈부신 풍경이 펼쳐진다.

또한 이 성당에는 네 분의 성인인 성 비투스, 성 바츨라프, 성 얀 네포무츠키, 성 루드밀라의 유해를 모신 성지이다. 그리고 여러 명의 체코 왕과 영주, 귀족, 대주교들의 유골이 안치되어 있었다.

그중 주제단의 오른쪽 옆에는 무려 3톤이나 되고 순은으로 만들어진 무덤이 은은한 빛을 발하고 있었다. 바로 '성 얀 네포무츠키'의 무덤이다. 얀 네포무츠키는 카를교에서도 설명했듯이 왕후의 불륜을 종교의 신념으로 왕에게 말하지 않아 블타바 강에 떨어져 죽은 신부이다. 그는 17세기에 이르러서야 성인으로 추대받았다. 묘 위에 장식된 조각상은 천사들에 의해 천국으로 승천하는 장면을 묘사한 것이다.

3층에 있는 블라디슬라프 홀은 높이 62미터, 너비 16미터로 기둥이 없는 홀이다. 중세 유럽의 건축물로는 교회를 제외하고, 이같이 기둥이 없는 홀로는 가장 크다고 한다.

성 비투스 성당 내부의 스테인드글라스. 손톱만 한 유리 조각으로 성서에 나오는 주요 사건들을 그렸다.

기사들이 말을 타고 지나갔다는 기사 계단에 오르면 또 하나의 방이 나타난다. 신교와 구교가 대립하던 1618년 5월 23일 아침, 신교 대표인 투른 백작이 황제파의 고문관 3명을 이 방에서 창밖으로 던져 죽였다.

성당에는 왕족만 출입할 수 있는 왕실 예배당이 마련되어 있고, 예배당 벽면에는 역대 왕과 왕후들의 초상화가 근엄한 자태로 걸려 있었다.

황금소로와 달리보르 탑

성 비투스 성당을 지나자, 동화 속 마을처럼 좁은 골목이 나왔다. 이 골목이 바로 황금소로(Zl•tá Ulička)라 불리는 프라하에서 가장 예쁘고, 가장 작은 거리로 알려진 곳이다. '소로'란 '골목'이라는 뜻인데, 그 뜻답게 어른 5명이 나란히 들어서면 꽉 찰 듯했다. 황금소로를 따라 파스텔 톤의 자그마한 집들이 늘어서 있었다. 어찌나 집이 작은지 1, 2층을 합한 높이가 다른 건물의 1층 높이만 못했고, 키가 큰 사람은 고개를 숙여야 들어설 정도로 대문이 낮았다.

프라하의 대표적인 관광 명소인 이곳은 원래 프라하 성을 지키던 병사들의 막사가 있었다. 그 후, 루돌프 2세 때인 16세기 후반 연금술사와 금은 세공사들이 이곳에 살면서 황금소로라 불리게 되었다.

지금은 각종 기념품점과 선물 상점, 중세 시대 때 사용한 투구나 장신구 등을 전시해 둔 전시장이 있다. 그런데 황금소로를 더욱 유명하게 만든 것은 따로 있다. 우리에게 《성》,《변신》의 작가로 잘 알려진 프란츠 카프카 때문이다.

카프카는 1916년부터 다음 해 5월까지 황금소로에서 집필 활동을 하였다. 그의 여동생이 마련해 준 골목 22번지 작은 집에서 매일 글을 쓰고, 밤이 되면 자신의 하숙집으로 돌아갔던 것이다. 프라하 성에서 영감을 얻어 쓴 작품 《성》도 이때 완성한 작품이다.

그때 카프카의 작업실로 쓰였던 파란색 집은, 카프카의 작품이나 엽서 등을 판매하는 곳으로 바뀌어 있었다.

황금소로 옆에는 높은 탑 하나가 있었다. 1496년에 지어진 달리보르 탑(Daliborka Tower)이다. 이 탑은 요새의 일부분으로 지붕이 깔때기를 뒤집어 놓은 것과 같은 원추형이다. 이 탑의 지하실은 1781년까지 중죄수들을 가두는 악명 높은 감옥으로 사용되었다. 첫 수감자인 달리보르의 이름을 따서 달리보르 탑이라 불렀다.

전설에 의하면, 보헤미아의 기사였던 달리보르는 성주의 학대를 피해 탈출한 농노를 숨겨 준 죄로 이곳에 수감되었다. 한번 갇히면 절대 빠져나갈 수 없는 지하 감옥, 달리보르 탑. 언제 죽을지 모른다는 불안감과 슬픔 속에 하루하루 살았던 그는 밤마다 바이올린을 연주하였다. 그런데 그 소리가 어찌나 애절한지 많은 사람이 탑 주위로 몰려들었다. 당시 이 감옥은 굶어 죽는 수감자가 많았고, 수감자들이 죽으면 가차 없이 시체를 탑 밖으로 던졌다. 하지만 달리보르만큼은 유일하게 목숨을 부지할 수 있었다. 그의 바이올린 소리에 감동한 사람들이 간수들 몰래 음식을 줄에 매달아 창문으로 보내 주었기 때문이다.

훗날 이 이야기는 스메타나에 의해 창작된 오페라 〈달리보르〉의 모티브가 되었다. 지금도 달리보르 탑은 으스스했다. 우물처럼 깊고 어두컴컴한 지하에는 고문 기구들이 전시되어 있었기 때문이다. 구경하는 동안 뒷골이 서늘할 정도였다.

이곳저곳을 구경하다 보니 갈증이 생겼다. 나는 일행과 잠시 헤어져 다시 구시가지 천문시계 탑 앞에서 길을 따라가다, 중세 유럽의 낭만이 넘치는 노천카페에 들렀다. 맥주로 목을 축이고 싶기도 했지만 이곳 사람들과 더 어울려 보고 싶어서였다. 지금까지 내 여행 경험으로 봐서 여행지에서 어떤 사람들을 만나고 또 어울리느냐에 따라 여행의 성패가 갈라지는 경우가 많았다.

노천카페가 있는 카를로바 거리에 접어들자 좁은 길들이 꼬불꼬불 이어져 있었다. 길 양쪽으로 작은 카페, 레스토랑, 맥주집이 토닥토닥 줄지어 들어서 있었다. 또 작은 선술집, 고풍스러운 유럽식 식당, 울긋불긋한 선물 가게들도 즐비했는데, 보기만 해도 낭만이 느껴졌다.

좁은 길이 갈라지는 광장 중앙에 있는 많은 탁자들은 원형도 있었고 시각형도 있었다. 큰 것 작은 것 모두 언뜻 보면 아무렇게 놓

구시청 광장 골목길. 오래된 작은 선물가게와 레스토랑들이 들어서 있고
광장 입구에는 야외 카페가 있어 많은 사람들이 찾는 곳이다.

인 듯했으나 자세히 보면 그 어떤 곳에서 보아도 조화롭게 배열되어 있었다. 테이블마다 가족 또는 연인들, 친구들끼리 모여 맥주나 와인을 마시고 있었다.

나는 구석진 테이블에 앉아 주위를 둘러보았다. 슬라브족 복장을 한 젊은 남녀가 아코디언을 연주하며 신 나게 춤추고 노래를 부르고 있었다. 카페에 앉은 손님들도 리듬에 맞춰 손뼉을 치고 흥얼흥얼 따라 불렀다.

체코인의 몸에는 음악과 춤이 실핏줄처럼 흐르는 모양이다. 언제 어디서든 음악과 춤을 함께하고 자유분방하게 즐겼다. 프라하 어디를 가든 스메타나, 드보르자크, 모차르트의 〈돈 조반니〉가 있다. 하지만 체코인이 클래식만 듣는 건 아니다. 클래식부터 레게, 메탈, 라틴음악까지 모든 장르에 마니아층이 형성되어 있다. 그렇기 때문에 프라하 관광은 보는 것만이 아니고, 듣고 느끼는 것도 관광이다. 그만큼 음악은 프라하에서 최고의 관광 상품으로 굳게 자리 잡고 있다.

프라하를 말하자면 맥주에 대한 이야기를 빼놓을 수 없다. 체코인은 역사상 맥주를 처음 빚은 민족이다. 체코에서는 '맥주가 있는 곳엔 인생이 즐겁다.'라는 속담이 있을 정도이고, 유럽에서 독일과 함께 정통 맥주를 생산하는 맥주 강대국으로 꼽힌다. 특히 체코 맥주를 대표하는 '필스너 우르켈(Pilsner Urquell)'은 1307년 맥아 저장맥주를 판 곳으로 유명한 플젠(Plzeň)에서 비롯되었다. 맥주의 나라 독일에서도 필스너 우르켈을 모방하였고, 미국 맥주 버드와이저의 원조가 체코라고 한다. 이는 체코 맥주가 얼마나 우수한지를 입증하는 예이다.

체코 정통 맥주는 대부분 황금빛 라거 맥주다. 크게 10도와 12도 2종류가 있는데 10도짜리 맥주는 옅은 황금빛이고, 12도짜리 맥주는 짙은 호박색에 거품이 잘 사그라지지 않는다. 색깔이 짙은 맥주일수록 맛이 더 독하다.

나는 이왕 체코 맥주를 맛볼 바에는 독한 12도짜리를 마시기로 했다. 맥주를 두 잔 연거푸 마셨더니 갈증이 해소되었다. 기분 좋을 만큼 취기도 올라왔다. 맥주로 배를 채운 나는 호텔로 가는 지하철을 타기 위해 선물 가게가 즐비한 골목으로 들어섰다. 프라하의 야경이 황홀한 인공 불빛 속으로 빠져들고 있었다.

Chapter 3
프라하보다 더 아름다운 전원 마을, 브르노

보헤미아의 영화가 녹아 있는 브르노

오전 9시, 아침부터 하늘빛이 그리 곱지 않았다. 비가 올 모양이었다. 프라하에서 브르노로 가기 위해 중형 버스에 올랐다. 브르노는 체코 중동부에 위치한다. 대부분의 사람들이 체코를 말하면 제일 먼저 프라하를 떠올리지만, 프라하 못지않게 매력을 지닌 곳이 바로 브르노이다.

버스가 프라하 시내를 빠져나와 고속도로로 접어들었다. 차창 밖으로 건물들이 성큼성큼 물러서는가 싶더니 어느새 드넓은 농토가 펼쳐졌다. 반듯반듯 잘 정돈된 농토에, 바람결에 한들한들 춤추는 이름 모를 노란 꽃들, 붉게 물들어 가는 나뭇잎은 가을을 알리기에 충분했다. 한가롭게 풀을 뜯던 살진 말들이 나를 향해 꾸뻑 인사를 건넸다. 나는 그 답례로 빙긋 웃어 주었다. 맑게 갠 하늘을 배경으로 내 키를 훌쩍 넘을 듯한 옥수수와 접시만 한 해바라기 꽃이 줄지어 서 있다. 어느 사진첩에서 보았던 유럽의 목가적인 농장같이 끝 모를 듯 무한대로 펼쳐졌다. 한적한 농촌의 평화로움이 흠뻑 묻어나는 전원이었다.

마음이 차분해지면서 '이런 풍경이야말로 진짜 관광이 아닐까?'라는 생각이 들었다. 프라하가 인간이 창조한 아름다움이라면, 브르노는 신이 창조한 자연 그대로의 아름다움이었다. 나는 체코의 또 다른 브르노의 매력을 만나러 가고 있었다.

꼬박 3시간을 넘게 달린 버스는 브르노 동쪽에 위치한 슬라프코프에 도착했다. 슬라프고프의 옛 지명은 아우스터리츠로, 이곳에 아우스터리츠 전투(Battle of Austerlitz) 기념관이 있다.

브르노(Brno)

체코에서 두 번째로 큰 도시이다. 체코의 남동쪽에 있으며, 스브라트카 강과 스비타바 강이 합류하는 곳에 자리 잡고 있다
체코는 지리적으로나 역사적으로 크게 두 지역으로 나눌 수 있다. 서부의 '보헤미아(Bohemia)'와 동부의 '모라비아(Moravia)'이다.
보헤미아의 중심 도시가 '프라하'라면, 모라비아의 중심 도시는 '브르노'다.
수세기 동안 북쪽과 남쪽의 유럽 문명을 연결했던 브르노는 고대 무역 루트의 교차로였다. 1766년 체코 최초로 섬유 공장이 세워져 체코의 근대화 기틀을 제공한 도시이기도 하다. 또 20세기에 들어와서는 트랙터, 화학, 식품 산업의 중심지로 각광을 받고 있다. 도시 전체가 산업도시로 발달했지만, 브르노는 문화도시로도 유명하다. 여러 차례 전쟁을 치렀음에도 불구하고 수많은 미술관, 박물관, 도서관, 대학 등이 건재하고 있기 때문이다. 브르노는 프라하에 버금가는 산업 · 문화의 중심지이다.

아우스터리츠 승전 기념탑. 이 탑 하단 모서리와 꼭대기가 금으로
되어 있어 황혼이 되면 탑 전체가 금빛으로 번쩍인다.

아우스터리츠 승전 기념탑에 새겨진 여인의 조각상.
여인은 무거운 승전탑을 받치고 있다.

아우스터리츠 전투는 1805년 12월 2일
프랑스 황제 나폴레옹 1세가 지휘하는
프랑스군이 오스트리아와 러시아 연합군
을 9시간에 걸친 혈전 끝에 승리를 거둔
전투이다. 동유럽에서는 이 전투를 두고
전술적 예술로 여겼다. 나폴레옹이 함정
을 파놓은 동시에, 러시아-오스트리아 연합군의 허점을 찌르는 전
략을 써서 크게 이겼기 때문이다. 이 전쟁에서 프랑스군의 승리는
3차 동맹을 종결시키는 결과를 만들어 냈다. 아우스터리츠의 승리

는 프랑스와 다른 유럽 국가의 완충 작용
을 하는 연합체인 라인동맹을 창설하게 했
다. 또한 1806년 신성로마제국의 황제 프
란츠 2세가 황제 직위를 사퇴하고 오스트
리아의 프란츠 1세만을 공식적인 직함으로
유지하게 되면서 멸망했다.

나폴레옹 군대의 모습을 한 병사

그러나 일련의 일들은 동유럽 대륙에 지
속적인 평화를 정착시키지는 못했다. 프로
이센은 프랑스가 영향력을 키우는 것을 우
려하게 되었고, 결국 1806년 제4차 대프랑스 동맹 전쟁을 발발케
한 역사적인 배경이 이곳에 깔려 있다.

전쟁기념관에는 승리를 표현하는 피라미드형 조형물이 금빛 부
속 조형물과 함께 태양을 받고 있었다. 기념관 안에는 전쟁 때 나
폴레옹이 사용한 칼과 투구와 복장이 전시되어 있고, 군인과 기마
형상이 그대로 재현되어 있었다.

크로메리츠 궁정과 와인 저장실

차를 타고 이동한 곳은 체코 동부에 위치한 작은 도시 크로메리
츠이다. 이곳은 도시 대부분이 유네스코 세계 문화자연유산으로

지정될 정도로 역사적인 건축물이 즐비하다. 버스는 '크로메리츠의 꽃'이라고 불리는 크로메리츠 궁정(Zámek Kroměříž)으로 향하였다.

크로메리츠 궁정은 궁정뿐만 아니라 궁정을 둘러싼 넓은 정원까지 1998년 유네스코 세계 문화자연유산에 등재되었다. 또한 귀중한 미술품, 서적, 음악 악보 등을 소장하고 있어 활발한 연구가 이루어지는 학술 센터였다.

누구라도 궁정의 정원에 발을 들여놓으면 그 매력에 듬뿍 빠지게 된다. 정원은 마치 거인이 커다란 도장을 찍은 것처럼 반듯하면서도 정교하고 화려하다. 정원사들이 꽃 한 송이, 풀 한 포기에도 얼마나 많은 애정을 쏟았는지 여실히 보여 준다. 어쩌면 이런 정원 자체가 하나의 예술품이며, 천상에나 있을 관광자원이기에 여행객의 발길을 멈추게 하는 것이다.

넓은 정원을 지나 크로메리츠 궁전으로 들어섰다. 크로메리츠 궁전은 1497년 주교 스타니슬라스 두르조가 건설하였다. 궁정이 지어질 당시에는 르네상스 양식의 건물이었으나 대부분이 화재로 소실되었다. 다시 복원 작업을 거치며 현재와 같은 바로크 양식의 외관을 갖추게 되었는데, 이때 여러 벽화가 완성되는 한편 많은 예술 작품이 구비되었다. 이 궁정은 1900년대 중반에 러시아 황제, 오스트리아 황제, 헝가리 황제 등 보헤미아 지방에서 온 귀족들을 만나는 장소였다고 한다.

① 크로메리츠 궁정의 정원. 마치 도장을 찍은 듯 정렬된 아름다움이 있다.
② 크로메리츠 궁정 만찬장에서 대주교가 앉는 자리에 앉아 있는 필자
③ 궁정 지하 6.5m에 있는 와인 숙성 저장고. 둥근 원 모양의 와인 통의 최대 용량은 무려 19100리터다.
④ 궁정 천장에 그려진 그림. 그림에는 여러 사람의 형상이 숨어 있다고 한다.

궁정에 들어서니 284마리의 동물 머리 표본이 살아 있는 듯 무섭게 웅크리고 있었다. 궁정 내부에 장식된 고가구나 장치물들은 전부 황금으로 만들어져 있었고, 바로크 양식의 방에는 궁정의 여인들이 사용하던 베네치아산(産) 거울이 원형 그대로 보존되어 있었다.

　만찬장에 들어섰다. 대주교가 앉았던 붉은색 융단 의자를 비롯해 수백 개의 촛불로 장식된 황금색 샹들리에가 동유럽 귀족들의 호화로운 생활을 그대로 보여 줬다.

　돔 형식의 뮤직홀 천장에는 사계절의 그림이 그려져 있었다. 그림에는 숨은그림찾기처럼 여러 사람의 형상이 어디엔가 들어 있다고 한다. 이 성의 마지막 성주가 어린 시절 어머니와 함께 있는 그림은 엄숙해 보이기까지 했다.

　궁정 지하에 있는 와인 저장실로 향했다. 1266년에 만들어진 와인 저장실은 체코 국왕이며 후에 신성로마제국 황제가 되는 카를 4세 때 완성되었다. 또한 1345년에 대량으로 와인을 생산할 수 있는 권한을 부여받았다.

　와인 저장실은 지하 6.5미터 깊이에 위치하고 있으며, 1층과 2층으로 나뉘어 있다. 연중 9℃에서 11℃ 사이로 유지하는데, 이 온도가 와인을 숙성시키고 보관하는 데 가장 적당하기 때문이다. 현재 생산되는 와인도 원통형 나무 탱크에서 숙성되고 있었다. 가장 큰 통은 그 크기가 무려 19100리터나 되었다. 이와 같은 제조 과정은 700여 년째 지속되고 있다고 한다.

와인 저장실은 매일 오전 9시 30분에서 오후 6시까지 일반인에게 공개되며 미리 예약하면 가이드의 안내를 받아 저장실을 둘러볼 수 있다고 했다. 또한 미사에 사용되는 와인 샘플이나 간단한 다과까지도 맛볼 수 있다. 와인 가게에서 와인이나 선물 세트를 구매할 수도 있다.

지하 3층에 위치한 와인 저장고에 초대되었다. 식탁에는 향토 소시지를 겸한 이 지방 전통 다과가 준비되어 있었다. 하얀 셔츠에 검은 조끼를 입은 4인조 악사가 모라비아 지방의 전통음악을 연주했다. 그 음악을 들으며 와인을 마시는 즐거움이란, 타임머신을 타고 중세로 돌아간 것만 같았다. 예약만 하면 누구에게나 이런 분위기를 연출해 준다고 한다.

크로메리츠 궁을 관광한 후, 다시 프라하 시내로 돌아왔다. 프라하 시 도로 위를 달리는 빨간 전차가 우리를 기다리고 있었다.

프라하 시내에서 작은 전차를 타고 일정한 지역을 돌아보는 관광 코스가 있다. 바로 '트램 관광'이다. 프라하에서는 트램을 많이 운행한다. 시내 중심가는 도로가 좁은 데다, 공기가 오염되는 것을 줄이기 위해서이다. 버스는 주로 외곽을 달리거나 극히 드물게 시내를 운행하고, 대신 작고 빨간 트램이 프라하 시내를 구석구석 달린다.

오래전 우리나라 버스에 차장이 있었던 것처럼 트램에도 차장이

프라하 관광의 백미 트램.
관광객들은 이 트램을 타고 프라하 시가지를 돈다.

트램에 승차하면 악사가 아코디언을 연주하고,
차장은 승객들에게 와인을 따라 준다.

있다. 노란 금줄을 두른 제복에다 굴뚝 모자를 쓴 차장은 "어서 오십시오." 하며 관광객들을 맞았다.

딸랑딸랑 종소리를 내며 출발하고 또 정차하는 트램. 차 안에서는 늙은 악사가 아코디언을 연주하고, 차장이 돌아다니며 관광객들에게 샴페인을 따라 권했다.

나는 따라 주는 샴페인을 마시며, 작은 전차를 타고 프라하를 둘러본 것으로 체코 여행을 마무리했다. 그때 본 블타바의 은빛 강물이 지금도 내 가슴에 유유히 흐르고 있다.

Chapter 4
체코 예술을 반석 위에 올린 인물들

체코의 지성, 프란츠 카프카

카프카(Franz Kafka, 1883~1924)는 프라하에서 부유한 유대계 상인인 헤르만 카프카와 어머니 율리에 뢰뷔 사이에서 태어났다. 카프카가 태어날 당시 그가 살았던 보헤미아 지방은 오스트리아 제국의 지배를 받고 있었다. 그 때문에 카프카의 아버지는 아들의 이름을 유대식이 아닌 오스트리아식으로 지었다. 당시 대부분의 유태인은 천민 신분으로 상류층에 진출할 수 있는 길이 막혀 있었기 때문이다.

어린 카프카에게 아버지는 가족은 안중에도 없고 사업의 성공에만 몰두하는 사람이었다. 그래서 카프카는 지배적이고 군림하는 아버지와 가깝게 지내지 않았다. 게다가 어린 나이에 목격한 동생들의 잇단 죽음 때문에, 카프카는 매우 불안정한 유년기를 보내게 된다.

1901년, 독일계 중고등학교를 졸업한 그는 프라하의 카를 대학교에 입학하여 법과를 전공한다. 그는 법과 관련된 공부를 하는

생가 입구에 세워진 카프카 동상

와중에도 독일학과 예술사를 들었고, 학생 클럽에 가입해 문학 행사와 독서 등의 활동을 한다.

1906년, 법학박사 학위를 받은 카프카는 시민 법정에서 1년간 의무 과정으로 서기를 보게 된다. 그 후 보험회사에서 잠시 근무하고는 보헤미아 왕국 노동자 상해보험공단으로 자리를 옮긴다. 카프카는 그곳에서 폐결핵의 발병으로 퇴직을 할 때까지 법률고문으로 근무를 한다. 당시 그는 오후 2시가 되면 퇴근을 하여, 집필하며 시간을 보냈다. 그는 보험공단에 다닌 14년 동안 가장 왕성한 집필 활동을 한다. 그의 불멸의 명작들은 대부분 이 시기에 탄생했다.

그는 직장 생활에도 충실했다. 직접 안전모를 발명해 보헤미아 왕국의 강철 및 기계 사망률을 1000명당 25명까지 낮췄다. 그 무렵 유럽의 노동환경은 무척 열악했다. 카프카는 공무 출장을 다니고, 노동자들과 만나면서 관료 기구의 무자비성, 노동자들에 대한 가혹한 대우, 그들의 비참한 생활 등을 직접 체험하게 된다. 자본주의사회의 내면을 속속들이 꿰뚫어 보게 된 것이다. 작품 곳곳에 드러난 소외와 무력감에 대한 깊은 통찰은 이때 나온 것이다.

카프카는 죽는 순간까지도 법률을 싫어했다. 그러나 법률에 대한 지식은 그의 문학에 많은 영향을 주었다. 특히 형법 시간에 배운 범죄 수사와 심리 절차에 대한 지식은 작품 《성》과 《심판》에 사실적으로 묘사된다.

카프카는 자신의 작품을 세상에 내놓기를 꺼려했다. 출판업자들이 요청하면 마지못해 발표하곤 했다. 세계의 불확실성과 인간의 불안한 내면을 독창적인 상상력으로 그려 낸 대부분의 작품들은 그가 타계한 후 전 세계에 알려졌다.

유대인이면서 유대인이 되지 못하고 체코인이면서 체코인의 대접을 못 받은 운명의 주인공 카프카. 그런 카프카의 생가 역시 구시가지 광장과 유대인의 집단 구역인 게토의 경계선에 있다. 프란츠 카프카 광장 3번지의 3층짜리 집이 그곳이다. 집 모서리에 청동으로 제작한 카프카의 부조가 관광객을 반긴다.

카프카가 다닌 보험공단 빌딩은 마사릭 기차역에서 걸어서 5분 거리에 있는 메르큐레 호텔로 바뀌었다. 그러나 프라하를 여행하는 사람, 특히 카프카를 좋아하는 사람은 이곳을 꼭 방문할 것을 권한다. 프라하에 있는 카프카의 흔적 중에서 가장 많은 흔적이 남아 있는 곳이기 때문이다. 로비에 들어서면 나선형 계단이 있고, 계단 아래쪽 벽에 깡마르고 날카로운 눈매를 가진 카프카의 얼굴이 걸려 있다. 1층 로비 벽면에 카프카가 사용한 사무용 도구들이 진열되어 있다.

카프카는 1924년 6월 3일, 빈에서 폐결핵으로 눈을 감았다. 마지막 가는 길에는 그의 연인인 도라 디아만트가 있었다. 카프카는 신유대인 공동묘지 스트라슈니체 21번 구역에 묻혔다. 이곳은 1938년 히틀러가 체코를 점령하기 전까지 유대인의 영원한 안식처였다.

21번 구역 카프카 묘비에는 그의 부모 이름도 같이 있다. 또 나치 수용소에 끌려가 숨진 여동생 세 명의 이름도 나이 순서대로 새겨져 있다. 비록 여동생들의 시신은 거두지 못하였지만, 구천에서 떠돌 영혼이라도 가족과 함께 쉬게 하자는 뜻이었다.

카프카의 작품으로는 장편으로 《성》, 《심판》, 《실종자》가 있고, 단편으로는 〈판결〉, 〈지방에서의 결혼예식〉, 〈관찰〉, 〈변신〉, 〈유형지에서〉, 〈단식 예술가〉, 〈시골 의사〉, 〈학술원에 보내는 보고서〉 등이 있다.

체코 음악의 아버지, 베드르지흐 스메타나

스메타나(Bedřich Smetana, 1824~1884)는 동보헤미아의 리토미술에서 태어났다. 그의 아버지는 맥주 공장을 경영하였는데, 음악에도 소질이 있었다. 그래서 스메타나는 음악을 사랑하는 화목한 가정 속에서 유년 시절을 보냈다. 4세 때 바이올린을 켜고, 6세 때

체코 음악의 아버지, 스메타나 동상

피아노를 연주하여 '음악 신동' 이라는 말을 들었다. 스메타나는 6세 때, 리토미슐에서 열린 철학자들을 위한 음악회에 초청되어 피아노를 연주했고, 발렌슈타인 백작의 성에 초대되어 콘서트를 가졌다.

스메타나는 15세 때, 필제니 아카데미 김나지움에 다니게 된다. 그곳 교장으로부터 체코 민족 부흥 정신에 깊은 감명을 받은 그는, 김나지움을 수료한 뒤 음악 공부의 뜻을 펴기 위해 프라하로 떠났다. 그때 그의 일기장에는 '신의 축복에 따라 나는 테크닉에서는 리스트를, 작곡에서는 모차르트를 따르리라'는 확신에 찬 필적이 쓰여 있다.

스메타나는 프라하에서 연극에 관심을 갖게 되었다. 프란츠 리스트의 공연을 관람한 뒤로는 오페라 음악에 심취하여 피아노와 작곡 이론 등 음악 공부에 더욱 몰두하였다. 그 당시 체코는 오스트리아의 통치하에 있었다. 스메타나는 이런 때일수록 슬라브 특유의 고유 음악을 정립하여 체코만의 새로운 민족의식을 고취해야 한다고 여겼다.

그가 24살이 되던 해, 오스트리아에서 일어난 혁명의 여파로 프라하에서 혁명이 일어났다. 스메타나도 혁명에 가담했으나 혁명은 실패로 끝났고, 다시 오스트리아의 억압이 시작되었다. 자유로이 음악 활동을 할 수 없게 되자, 스메타나는 스웨덴으로 도피해 그곳에서 지휘자·작곡가·피아니스트·음악평론가로 활동을 했다.

1860년 오스트리아의 억압 정책이 다소 누그러지자, 스메타나는 고국으로 돌아왔다. 그리고 최초의 민족 오페라 〈보헤미아 브란덴부르크가의 사람들〉과 〈팔려 간 신부〉를 작곡해 대성공을 거둔다. 그 후 국민가극장의 지휘자로 임명되어 활발한 음악 활동을 계속하였다.

스메타나 음악은 드보르자크나 다른 체코 음악에 비해 체코 민요를 사용하지 않고도 민족적 색채를 강하게 표현하고 있으며, 혁명 운동을 지향하는 격렬함과 공격적인 태도가 강하다. 그러나 안타깝게도 1874년, 그는 환청 증세와 난청으로 모든 공직을 정리했다. 이후 '인드지추프 프라데트'라는 소도시에 가족과 함께 정착하였다. 이곳에 대한 기억은 훗날 불후의 대작 〈나의 조국〉을 탄생시키는 원동력이 되었다.

1879년, 그는 조국에 대한 깊은 사랑을 나타낸 교향시 〈나의 조국〉을 작곡한다. 총 6부작으로 된 이 교향시는 1882년에 프라하의 국민가극장에서 초연되었다. 그중 보헤미아의 빛나는 전통과 역사를 회고하고 조국에 대한 사랑과 희망을 그린 두 번째 작품 〈블타바〉가 가장 많이 연주되었다.

스메타나는 그의 인생에서 가장 고통스러운 시기를 프라하에서 겪었고, 가장 영광스러운 날도 프라하에서 겪었다. 1884년 5월 12일 60의 나이로 저세상으로 떠나는 날까지 그의 생은 음악 속의 삶이었다.

주요 작품으로는 연작 교향시 《나의 조국》, 오페라 《리부셰》, 오페라 《팔려 간 신부》, 오페라 《보헤미아 브란덴부르크가의 사람들》, 현악 4중주곡 《나의 생애로부터》 등이 있다.

스메타나가 태어난 리토미슐은 체코에서 아름다운 도시 중 하나로, 마을 한가운데에 스메타나의 동상이 서 있다. 스메타나가 태어난 집은 리토미슐 성 맞은편 2층집으로 지금은 박물관으로 쓰인다. 체코를 방문하는 사람에게 한번쯤은 꼭 권하고 싶다.

체코를 사랑한 음악가, 안토닌 드보르자크

드보르자크(Antonín Dvořák, 1841~1904)는 누구보다 체코를 사랑한 애국자였다. 그는 여관과 정육점을 경영하는 아버지와 어머니 사이에서 태어났다. 드보르자크의 아버지는 아마추어 악사였다. 보헤미아 지방의 고유 현악기인 치터를 즐겨 다뤘고, 직접 춤곡

체코를 사랑한 애국자, 드보르자크 동상

을 작곡해 연주하기도 하였다. 드보르자크는 비록 경제적으로는 부유하지 못했지만 음악을 사랑하는 가정에서 자랐다.

1857년, 드보르자크는 16세에 프라하의 오르간 학교에 입학하였다. 정식으로 음악가가 되는 길을 걷게 된 것이다. 그는 오케스트라에 들어가 바이올린을 연주하면서, 바그너의 영향을 받았다. 그러나 바그너의 멜로디나 화성의 특징을 자기의 것으로 소화시켰다.

1862년, 체코 국민들을 위한 체코극장이 건설될 때까지 임시 극장이 개관되었다. 드보르자크는 극장 전속 오케스트라의 핵심이 되어 활동하였다. 그리고 1866년, 스메타나는 이 극장의 오페라 감독에 취임한다. 이후 스메타나는 바그너, 슈베르트, 베토벤 음악에서 영향을 받았던 것들을 바탕으로 하여, 그의 민족주의적인 음악 사상을 작품 속에 녹인다.

스메타나는 새로운 고전주의를 목표로 하였고, 브람스와 깊은 인연을 맺었다. 둘의 음악 세계가 흡사했기 때문이다. 훗날 그는 오스트리아의 빈으로 이주하도록 여러 차례 권유를 받았으나 매번 거절을 하였다. 빈 정부에 대항하여 독립 투쟁하는 동포들을 버리고, 자신만 안일하게 생활하는 것은 옳지 않다고 여겼기 때문이다.

1891년, 드보르자크는 프라하 음악원의 작곡과 교수에 임명되었다. 그 뒤 미국에서 음악원 원장 자리를 제의받았다. 미국의 음악계를 개혁할 적임자로 드보르자크를 낙점한 것이다.

1892년, 드보르자크는 가족과 함께 뉴욕으로 건너갔다. 그는 조국을 떠난다는 자책감과 맡은 지 얼마 안 되는 프라하 음악원을 떠나야 한다는 사실 때문에 무척 괴로워했다. 그러나 미국에서는 창작 활동의 자유가 보장되어 수락한 것이다.

드보르자크는 신대륙 아메리카에 눈을 뜨게 되고 그의 작품 활동도 신세계를 맞게 되었다. 그는 흑인과 원주민 차별에 대한 실상을 똑똑히 보았고, 뉴프런티어를 외치는 거대한 미국의 힘과 서부 대평원의 광활함, 인간의 혼이 담긴 인디언 음악과 흑인 영가를 마주하게 된 것이다. 드보르자크는 뉴욕의 내셔널 음악 원장으로 있을 때, 기차역에서 떠나는 기차를 관찰하곤 하였다. 그만큼 신대륙의 풍물에 관심을 가졌던 것이다. 그러나 그의 마음에는 늘 조국이 살아 숨 쉬고 있었다. 2년이 넘게 미국에서의 생활이 지속되자 조국에 대한 그리움은 날로 깊어졌다.

그러던 중 그는 아이오와 주 스피리빌에서 여름휴가를 보내게 되었다. 그곳은 보헤미안들이 이주해 정착한 곳이었는데, 그는 마치 고향에 온 듯한 안도감을 느꼈다. 그리고 마침내 불멸의 교향곡 〈신세계로부터〉를 탄생시켰다. 이 곡에는 강한 드럼 소리와 함께 점점 빠른 속도로 전개되어 가는 곡조가 마치 기차 여행을 하는 것 같은 친근감을 느껴진다.

1893년 12월 15일, 이 곡이 뉴욕 필에 의해 카네기홀에서 시연됐을 때 역사상 유례 없는 갈채를 받았다. 특히 2악장 라르고에 이어 잉글리시 호른으로 연주되는 〈고잉 홈(Going Home)〉의 정감 어린 선율은 많은 관객들에게 감동을 안겨 주었다. 고향에 대한 그리움이 가득하기 때문이다.

드보르자크는 관현악과 실내악에서 보헤미안적인 민속음악을 선율로 표현했고, 동시에 체코 민족주의 음악을 세계적 기반에 오르게 하였다. 그의 고향인 넬라호제베스는 프라하 근교에 있다. 그곳은 봄이면 노란 유채꽃이 물감을 뿌린 듯 아름답게 피고, 가을이면 단풍이 유난히 붉게 타는 호젓한 전원 마을이다.

아르누보의 거장, 알폰스 무하

알폰스 무하(Alphonse Mucha, 1860~1939)는 체코의 화가이자 장식 예술가, 아르누보 양식의 대표적인 작가이다.

그는 모라비아의 이반치체에서 태어났다. 어렸을 때부터 미술을 사랑했던 그는 1879년 빈으로 옮겨 무대 배경을 제작하는 회사에서 그림을 그렸다. 1881년 모라비아로 돌아가서 프리랜서로 장식 예술과 초상화를 그렸다. 미쿨로프의 카를 쿠헨 백작이 주문한 이 흐루쇼바니 엠마호프 성과 벽화를 인연으로 하여, 뮌헨 미술원에서 정식으로 미술을 배웠다.

1887년, 프랑스 파리에서 미술을 배우며 잡지와 광고 삽화를 그렸다. 1894년 당대 최고의 여배우 사라 베르나르를 알리기 위한 석판 포스터를 만들며 명성을 얻게 되었다.

이후 그는 회화, 포스터, 광고와 책의 삽화, 보석, 카펫, 벽지 등을 제작하게 되었다. 이러한 스타일은 아르누보를 대표하는 양식으로 널리

알폰스 무하의 아르누보 양식의 작품

알려졌다. 그러나 그는 상업적인 성공보다 고상하고 위엄 있는 예술과 고향에 관한 예술에 더 관심을 갖고자 했다.

1910년, 체코 공화국으로 돌아온 후에 그는 자신의 작품에 몰두

하였다.

이후 1928년, 슬라브 민족 역사에서 변혁의 단계를 묘사한 〈조국의 역사에 선 슬라브인들〉, 〈불가리아 황제 시메온〉, 〈얀 후스의 설교〉, 〈그룬반트 전투가 끝난 후〉, 〈고향을 떠나는 얀 코멘스키〉, 〈러시아의 농노해방령〉과 같은 작품들을 완성했다. 이것이 바로 체코의 역사와 민족애를 담은 20개의 연작 '슬라브 서사시'이다.

또한 당시 프라하에서 가장 유명한 건물이었던 〈임페리얼〉과 자치 의회 건물인 〈유럽〉에 인테리어 작업을 했다. 그리고 성 비투스 대성당의 메인 유리를 스케치했다.

1939년 3월 프라하가 독일에게 점령되자 게슈타포에 의해 검거된 후 폐렴을 앓게 되었다. 그리고 그 해 7월 14일에 운명하였다.

무하의 선적이고 장식적인 문양과 풍요로운 색감, 젊고 매혹적인 여성에 대한 묘사는 아르누보의 정수로 평가된다. 그가 제작한 포스터와 장식 작품은 실용 미술을 순수 미술의 단계로 끌어올렸으며, 근대 미술의 새로운 영역의 등장과 발전에 핵심적인 역할을 수행하였다.

'여행이란 가장 훌륭한 스승이다.'라는 말이 있다. 특히 문화와 예술을 접목시킨 여행은 여행객의 가치관을 바꾸어 놓는다. 이번 여행지인 체코의 수도 프라하는 보이는 것 전부가 예술이었다. 또 프라하 사람들의 삶은 낭만과 평화로 가득했다. 몰아치는 빗발처럼 허겁지겁 살지 않아도 되는 듯했다. 비록 경제적으로는 좀 부족할지 모르나, 그들의 삶은 그 어떤 곳 그 누구보다 깊고 풍성했다. 그리고 블타바 강에 내려앉은 석양의 모습은 동유럽의 진정한 낭만이었다.

 동유럽의 유서 깊은 문화와 중세기 유럽의 문화 유적들은 귀국한 후에도 오랫동안 가슴에 남아 있었다. 그래서 예술은 길고 인생은 짧다고 한 것인가! 특히 세계 각국에서 온 27명의 기자 및 여행 관계자들과 보낸 시간은 평생 잊지 못할 추억의 한 토막이다. 그리스에서 온 호리스토스(Horistos) 기자, 일본에서 온 교코 다케다(Kyoko Takeda) 기자, 헝가리에서 온 실리비아 기자는 꼭 다시 보고 싶은 얼굴들이다.

Fjord Country
Norway

Norway

Oslo
Bergen

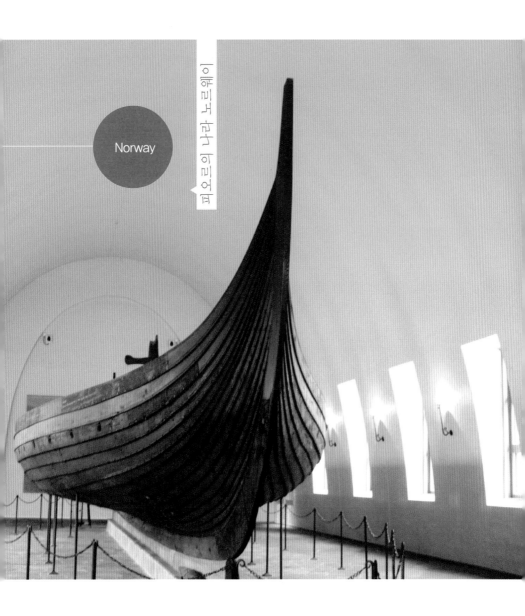

Norway

피오르의 나라 노르웨이

Chapter 1
예술과 낭만의 도시 오슬로

바이킹과 그리그를 찾아서

아직 한기가 덜 가신 4월 초, 노르웨이로의 여정은 다소 무거운 기분으로 시작되었다.

내가 노르웨이에 한참 관심을 가질 때, 어느 그림을 본 적이 있었다. 눈 덮인 험준한 산을 배경으로 한 피오르(fjord)였다. 100만 년 전, 지구 빙하기에 만들어진 거대한 피오르의 굴곡진 해안선과 그것을 안고 있는 높은 빙산 줄기들. 그 그림 속의 설산과 검푸른 바다는 을씨년스러운 느낌이었다. 거기에다 세계적인 작곡가 에드바르 그리그의 〈오제의 죽음〉 같은 애잔한 선율이 가슴 한구석에 깔려 있고, 북구 지역의 추위에 대한 두려움도 한몫했던 것이 분명했다.

그러나 한편으로는 피오르의 굵은 선과 그리그의 무거운 음악, 무섭게 다가서는 영하의 기온이 주는 긍정적인 이면을 느끼고 싶은 충동도 있었다. 예를 들면 곡예를 하듯 엉클어진 피오르와 눈 덮인 설산이 융합된 자연의 웅장함이라든가, 조국 노르웨이를 사랑한 세계적인 작곡가 그리그의 생애를 만나 그의 애국심을 느껴보는 것, 또 북유럽 사람들의 삶과 정서를 알아보는 것 등이 그것이었다. 한 사물을 두고 두 가지로 생각하는 것이 어렵기는 하나, 무거운 것과 가벼운 것 양면을 동시에 추구해 보자는 의지가 작용한 것이다.

이 때문일까. 노르웨이로의 여행은 다른 여행보다 더 긴장되고 흥분되었다. 그리고 좀 더 철저하게 여행 준비를 하게 되었다. 언제부터인가 나는 여행길에 오르기 전에 여행지의 사전 정보를 익히는 것이 버릇처럼 되었지만 말이다.

'여행지의 역사와 문화는 그 국가와 국민에게 어떤 영향을 주었는가? 인간의 삶에 남긴 교훈은 무엇이었는가? 또 여행자의 삶과 어떤 연관이 있는 것인가?'

이같이 하는 이유는 여행지의 사전 지식이 그곳의 자연과 문화를 이해하는 데 큰 도움이 되기 때문이다. 특히 나처럼 여행의 기록을 독자에게 전달해야 하는 기자들은 더욱 자료와 정보를 챙겨야 된다.

나는 1990년대 중반 K자동차에서 스웨덴 사람인 베인 본 씨와 같이 근무한 적이 있다. 그때 K자동차는 스웨덴의 세계적인 자동차 메이커 '스카니아사'와 대형 트럭 기술제휴를 맺고 있었다. 당시 베인 본 씨는 한국에서 판매된 스카니아 차량의 AS기술을 지원

피오르 크루즈 선상에서 바라본 만년 설산.
국토의 약 70%가 빙하와 암석 산인 노르웨이. 2000m 이상 높은 산은 만년설로 덮여 있다.

키 위해 일정 기간 K자동차에 파견 나와 있었다. 군인 신분으로 타
국 민간 기업에 나와 있다는 것이 나는 선뜻 이해가 되지 않았다.
하지만 사회주의 체제인 스웨덴은 가능한 일이었다. 그때 그로부
터 노르웨이의 바이킹과 피오르에 대한 이야기를 들은 적은 있었
다. 하지만 큰 관심을 갖지는 않았다. 그 정도가 노르웨이에 대한
지식의 전부였다. 그래서 노르웨이의 역사, 문화, 환경에 대해 더
욱 꼼꼼히 챙긴 것도 사실이다.

　노르웨이는 북유럽의 입헌군주국이다. 공식 명칭인 노르웨이 왕
국(Kingdom of Norway)은 노르웨이어로 노르게(Norge, 북방의 길)에

서 만들어졌다. 국토 약 40만 km² 면적에, 인구는 500여 만 명이며 스칸디나비아반도의 서반부에 위치해 있다. 동쪽은 스웨덴, 핀란드, 러시아연방과 국경을 같이하고, 그 밖은 바렌츠해·노르웨이해·북해·스카게라크 해협으로 둘러싸여 있다.

국토의 3%밖에 안 되는 농지와 26%의 삼림, 그리고 약 70%가 호소(湖沼)와 빙하·암석 산이 차지하는 노르웨이는 산지 평균 고도가 500m 정도의 고원 모양을 하고 있지만 그중에 2천 m 이상인 산은 만년설로 뒤덮여 있다. 약 5만 개의 도서를 가진 해안선의 총연장은 3만 4천 km나 되고, 고원 빙하의 끝에서부터 골짜기를 향하여 가파른 절벽과 함께 U자형 피오르가 형성되어 있다. 노르웨이의 피오르 중 가장 긴 피오르는 송네 피오르다. 송네 피오르는 200km의 만(灣) 깊숙이 바닷물이 들어와 있어 바다라고 하기보다 어마어마하게 큰 호수를 연상케 한다. 이 나라의 지도에 나타나듯 실타래처럼 엉켜 있는 해안선에서 아득한 옛날 이 지역 생성의 역사를 알아볼 수 있다.

노르웨이의 역사는 기원전 7000년쯤에서 시작된다. 초기 거주민들은 주로 낚시와 사냥으로 생계를 유지했다. 기원전 3000년쯤에 이르러 농업이 시작되었고, 청동기를 거쳐 도구와 무기를 제작했다. 그 후에 나타난 것이 바이킹이다. 나 또한 스칸디나비아반도 특히 노르웨이라는 단어를 보든가 들으면 바이킹이 먼저 떠오른다. 바이킹은 한군데 정착하기보다 다른 육지를 찾아 해양을 누볐다. '노르웨이를 알려면 바이킹을 알아야 한다.'는 말이 있듯이 바이킹은 이 나라 국민들의 조상이며 역사의 주인공이다.

16~19세기 동안 노르웨이는 무역 및 해운업의 발전 등으로 경제력을 키워 갔다. 그러나 1813년에 인접 국가인 스웨덴의 침략으로 양국의 갈등은 매우 심해졌다. 그 후 19세기 말 국민투표로 독립을 인정받았지만 나치 독일에게 또 점령당하고 만다. 제2차 세계대전이 끝난 후 북해 유전에서 기름이 쏟아지면서 엄청난 부국으로 변신했다. 지금은 세계 최고의 생활수준을 누리는 선진 복지국으로 자리 잡았다.

이번 여행은 노르웨이 정부 관광국에서 국내 9개 신문사 여행 담당 기자를 초청하는 케이스였다. 일종의 노르웨이 관광국의 행사로 자국의 유명 관광지를 취재토록 하여 한국 국민에게 홍보하려는 관광 전략이었다. 이런 행사는 관광객 유치를 위한 기본적인 홍보 활동의 일환으로 다른 국가도 많이 하는 행사이다. 또 한국에서 노르웨이 관광지를 소개하고 반대로 노르웨이도 한국의 관광지를 소개하며 양국 관광객의 교류에 서로 협력하는 체제를 만드는 의미도 있었다. 그런 배경이 있기 때문에 모든 비용은 노르웨이 정부에서 부담키로 되어 있었다.

인천공항에서 노르웨이 수도인 오슬로로 가는 직항 노선은 없었다. 노르웨이로 가는 항공편은 핀란드 국적의 핀 에어(Fin Air)를 이용해 헬싱키에 도착한 후, 다시 오슬로행 비행기로 갈아타야 했다.

4월 초순 봄빛이 완연한 날, 기자 9명, 주한 노르웨이 홍보 대행사에서 나온 인솔자(여기서는 그렇게 부름) 1명 해서 일행 10명은 비행기 트랩에 올랐다. 나는 그동안 외국을 꽤 여러 번 다녔지만 북유럽으로의 여행은 처음이었다.

기내는 빈 의자가 없이 탑승객들로 꽉 차 있었다. 그런데 특이한 점이 있었다. 외국 여행을 할 때마다 탑승객 중에는 서양인과 동양인, 동양인 중에도 우리나라 사람들이 더러는 섞여 있었는데 이번에는 우리 일행을 제외하고는 모두 서양인이었다. 또 서양인 중에서도 남자 여자 할 것 없이 모두 금발이었다. 마치 승객 모두의 머리에 갈색 염색약을 뿌려 놓은 듯했다. '북구에는 금발만 살고 있나?' 하고 착각할 정도로 생소한 느낌마저 들었다.

인천공항을 출발한 비행기가 5시간쯤 날았을까? 좁은 이코노미 좌석에 오래 앉아 있은 탓인지 몸이 점점 힘겨워졌다. 다른 좌석의 사람들을 둘러보았으나 모두들 깊은 잠에 빠져 있었다. 기내

인형 같은 집들이 들어선 노르웨이 작은 마을의 목가적인 풍경

는 조용했다. 나는 갑갑하여 창 가리개를 활짝 열고 아래를 내려다보았다. 순간, 저절로 입이 벌어졌다. 비행기가 시베리아 상공을 지나고 있었을까. 산도 강도 벌판도 온통 백색 빙하로 덮인 동토의 땅이었다. 빙하가 지나간 길인가! 피카소의 붓끝처럼 날카로운 곡선이 핏줄처럼 엉켜 있고, 바람에 휩싸인 백설이 성난 파도가 일어났다 막 스러지며 곡예하는 듯한 형상이었다. 어떤 것은 태초의 혼돈을 연상케 하는 태극 문양을 신비스럽게 연출하고 있었다. 마치 지구라는 대형 캔버스에 조물주가 그린 추상화 같았다. 이런 것을 두고 우주가 만든 예술품이라고 할까!

현지 시간 18시 20분, 목적지인 오슬로의 가르데르모엔 국제공항에 도착했다. 중간 기착지인 헬싱키까지 9시간 30분 소요되었고, 헬싱키 공항에서 오슬로행 비행기를 갈아타기 위해 3시간을 기다렸다. 또 헬싱키에서 오슬로까지 비행한 2시간을 합하면 인천공항을 이륙한 후 약 15시간 만이었다.

우리 일행은 짐을 꾸려 공항 대합실로 나왔다. 지구 북반부의 끝 지역이라 무척 추울 것이라 생각하고 두터운 잠바를 배낭에서 끄집어내어 갈아입었다. 하지만 내 예상과는 달리 혹독한 추위는 아니었다. 노르웨이는 시베리아나 북아메리카보다 더 높은 위도에 있지만, 멕시코 난류 덕분으로 연평균 기온은 0도 정도라고 한다. 특히 오슬로나 베르겐은 여름에 16도에서 25도까지 오른단다.

공항 대합실은 그리 붐비지 않았다. 먼 여행길 탓인지 배가 헛

헛하고 시장기가 돌았다.

"이럴 때는 따끈한 커피 한 잔과 빵 한 조각이 그만인데 말이야."

여행을 하다 보면 배가 고플 때가 더러 있다. 기내에서 주는 음식이 소화가 잘 안 될망정 입에서는 먹을 것이 땡긴다. 그렇다고 해서 일행을 두고 혼자 어딜 가서 뭘 먹는 것도 그렇고 단체 행동에서 티를 내는 것도 바람직하지 않아 시장기가 있더라도 좀 참으며 속으로 중얼거리고 있었다. 그때 우리 일행 중 누군가의 굵직한 목소리가 들렸다.

"우아, 비싸다. 햄버거 1인분에 우리 돈 2만 원이잖아!"

목소리의 주인공은 S 기자였다. 그가 공항 청사 내에 있는 스낵 코너를 가리켰다. 스낵 코너의 전면에는 노란색 바탕에 남색 글씨로 쓰인 가격표가 붙어 있었다. 햄버거 하나에 10크로네. 1크로네가 우리 돈으로 2100원 정도 환율이니 10크로네라면 2만 원이 조금 넘는 셈이다.

"정말 비싸다."

"비싸면 안 사 먹으면 되지, 뭐!"

모두 노르웨이에서 처음 맞닥트린 물가에 주눅이 든 모양이다. 하긴 우리나라에 비하면 이곳 물가는 '하이킥'이었다. 생수 1병에 5천 원, 오이 1개 5천 원, 택시를 한 번 탔다 하면 4~5만 원이 금방 나온다고 안내를 담당한 J 이사가 말했다. 그의 말에는 이곳에서는 될 수 있으면 돈을 아껴 쓰라는 경고의 의미도 들어 있었다. 그러나 노르웨이의 국민소득이 8만 달러가 아닌가. 우리나라 2만 달러에 비하면 4배가 넘기 때문에 물가도 4배 이상이 될 것이라 생각하면, 우리나라 가격과 비슷하지 않을까 싶었다. 이렇듯 내가 애써 이곳 물가에 타당성을 부여하는 것은 그만큼의 작은 이유가 있었다.

비행기에서 내려 수화물을 찾으러 갔을 때였다. 그곳 에스컬레이터 위쪽에 노란색 바탕에 흰 글씨로 '수화물 찾는 곳'이라고 쓰인 우리말 전광 안내판이 천장에 매달려 있는 것이 아닌가. 그 안내판을 보는 순간 깜짝 놀랐다. 이국땅에서, 그것도 지구의 끝 북유럽에 있는 나라의 공항에서 우리 글자를 보게 된 반가움으로 가슴이 뭉클해졌다. 공항 내의 한글 안내 표시는 수많은 여행객에게 우리나라의 위상을 높이는 것이다. 나는 그때부터 한글 안내판을 만들어 놓은 노르웨이 국가에 친밀감이 생기기 시작했다. 그러니 이런 좋은 인상을 햄버거 값이 비싸다는 이유로 지워 버리고 싶지는 않았던 거다.

우리 일행을 픽업하러 온 작은 버스를 타고 숙소인 톤 호텔 오페라(Thon Hotel Opera)로 향했다. 창밖에는 진눈깨비가 청승맞게 내렸다. 이따금 찢어진 구름 사이로 푸른 하늘이 드러나기도 했다. 처음 접하는 북구 지방의 변덕스러운 날씨는 그리 상쾌하지 않았다.

톤 호텔은 오슬로 항구에 인접한 다운타운에 있었는데 공항에서 그리 멀지 않았다. 벽돌색 칠을 한 호텔 외형은 그리 크지 않았지만 아담한 북구식 건물이었다.

호텔 안으로 들어섰다. 넓지 않은 내부는 여린 황갈색 조명으로 따뜻한 느낌이 들었다. 로비 중앙에 황금색으로 된 젊은 남녀가 포옹하는 조각상이 있었다. 실제 사람 크기의 조각상이었다. 남자는 두터운 코트에 중절모자를 쓰고 있고, 여자는 윤곽이 뚜렷한 전라의 몸으로 키스하고 있었다. 노르웨이 국민들의 개방된 정서를 말해 주는 듯 인상적이었다.

프런트에 있는 투숙객들 모두가 금발인 것도 특이했다. 호텔

톤 호텔 오페라 로비에 있는 조각상. 실물 크기의 남녀가 포옹하고 있는 장면이 이채롭다.

이름 끝에 '오페라'라고 붙인 것도 생소했다. 호텔 종사자에게 이를 물었더니, 이 호텔 바로 앞에 있는 오페라하우스와 연관시키기 위해서란다. 오페라라는 말이 호텔 마케팅에도 도움을 준다고 했다.

로비 전면은 커다란 유리창이었다. 유리창 너머로 항구에 정박한 요트와 상선들이 한눈에 들어왔다. 대부분 하얀 돛대를 길게 올린 요트였다. 마치 그것들은 횡대로 서서 사열을 받고 있는 군인처럼 줄

지어 있었다. 부두 끝 저편에는 수천 톤이 넘을 대형 크루즈선이 정박해 있었다. 크루즈선의 선체에 황혼이 내려 마치 황금처럼 번쩍거렸다. 흰 갈매기 몇 마리가 항구 위를 돌며 원을 그렸다.

찬 기운이 감도는 북구의 날씨 때문일까. 병풍처럼 둘러친 산줄기에 하얗게 덮인 눈이 입김을 뿜어내고 있었다. 그러나 아래 평지에는 노란 수선화가 이국에서 온 이방인을 반기는 몸짓인가, 봄기운이 섞인 바닷바람을 안은 채 고개를 살랑거렸다. 이젠 영하로 오르내리던 북구의 동장군도 제 갈 길을 총총히 가나 보다.

체크인과 함께 오슬로 시에 있는 박물관과 주요 관광지, 교통편 등을 이용할 수 있는 여행카드와 내일 방문할 스케줄을 받아들었다. 그리고 지정된 룸에 여장을 푼 후, 저녁 식사를 하러 호텔문을 나섰다. 우리 일행이 들어간 레스토랑은 호텔에서 도보로 10여 분 떨어진 카페 '크리스티아니아'였다. 크리스티아니아 카페는 항구 곁에 있었는데 실내는 서구식 분위기가 물씬 났고, 젊은이들이 여러 테이블에 둘러앉아 와인 잔을 기울이고 있었다.

일행은 항구가 보이는 창가에 자리를 잡았다. 하얀 윗옷을 입은 젊은 웨이터에게 음식을 청했는데 웨이터는 한 사람씩 주문에 따라 작은 수첩에 일일이 메모를 하더니 잠시만 기다려 달라며 자리를 떠났다. 얼마 후 깍두기처럼 사각으로 자른 감자, 부추, 당근, 돼지고기로 만든 랍스카우스, 버터와 밀가루와 우유로 만든 화이트소스를 친 피시볼 등 노르웨이식 전통 음식이 테이블 위에 차려졌다.

피시볼은 이곳 오슬로 만에서 어획한 생선으로 만든 것이라고 웨이터가 자랑스럽게 말했다. 노르웨이식 피시볼은 처음으로 맛보는 미식 체험이었다. 우리나라에서도 추운 겨울 포장마차에서 파는 피시볼(어묵) 음식이 있지만 그것과는 육질과 맛이 달랐다. 우리나라 것은 쫄깃쫄깃하고 간간한데, 노르웨이 피시볼은 육질이 부드럽고 연한 우유 맛이 배어 있었다. 이곳에서 생산되는 필스 맥주도 한 잔 걸쳤다. 알코올 농도가 7% 내외인 필스 맥주는 식사 때 입맛을 돋우는 향이 들어 있어 이곳 사람들이 가장 선호한다고 했다. 맛은 우리나라의 맥주와 비슷했지만 목으로 넘어갈 때 톡 쏘는 맛이 더 진한 듯했다.

오슬로 항 끝머리에 앉아 허름한 차림을 한 악사가 아코디언을 연주하고 있다.

북유럽

북유럽은 유럽 북쪽에 위치한 스웨덴, 노르웨이, 덴마크, 핀란드, 아이슬란드 5개국을 두고 말한다. 이들 국가들은 지구 극점에 가까운 북반부에 위치해 있어 여름 한밤중에도 대낮처럼 밝은 백야가 형성되는가 하면, 겨울에는 낮에도 해를 볼 수 없는 애매한 날이 며칠이고 계속되는 지역이다. 또 이들 5개국은 문화적인 동질감도 많다. 사회민주주의의 전통이 강해 지구상에 현존하는 어느 국가들보다도 모범적인 복지국가로 꼽히기도 한다. 북유럽 국가와 비슷하게 쓰이는 말로 스칸디나비아 3국과 노르딕 3국이라는 말도 있다. 언뜻 들으면 그게 그것으로 생각된다. 하지만 엄밀히 말하면 상당한 차이가 있다. 스칸디나비아 3국은 덴마크, 노르웨이, 스웨덴의 3국을 말하고, 노르딕 3국은 노르웨이, 스웨덴, 핀란드 3국을 말한다. 스칸디나비아 3국에 핀란드 대신 덴마크를 넣는 것은 이 지역의 역사적인 배경을 이해할 필요가 있다. 덴마크는 이 지역의 역사를 볼 때 노르웨이와 스웨덴의 남쪽 지방을 지배했던 나라였다. 이들 3국 간에는 기본적인 문자나 언어 소통도 가능하고, 같은 문화권을 형성하고 있어 이들 3국을 묶어 놓고 있다.

노르웨이에서의 첫 식사를 끝내고 카페를 나온 시간은 오후 9시가 좀 지나서였다. 오슬로 시가지는 한 나라의 수도답지 않게 한적했다. 항구 안은 적막했다.

바다 비린내가 나는 부둣가에서 문득 음악 소리가 들려왔다. 부둣가 끝에 있는 선착장에서 초라한 젊은 악사가 아코디언을 연주하고 있었다. 그는 아무렇게 주저앉아 자신이 연주하는 멜로디에 취한 듯 주위에 있는 모든 것에 아랑곳하지 않는 여유로운 표정이었다.

우리나라 같으면 어두울 이 시간, 지구의 끝 북구의 하늘은 쉬이 어둠을 허락하지 않고 있었다. 하늘의 빛은 안개 낀 오후처럼 음흉한 백야였다. 호텔로 돌아와 내일 스케줄을 위해 일찍 잠자리에 들었다. 하지만 시차의 부적응과 함께 슬며시 긴장감이 엉켜 왔다. 북구의 첫 밤은 별 의미 없이 그렇게 깊어 가고 있었다.

빙산이 떠내려가는 모습의 오페라하우스

이튿날 아침 7시, 전화기에서 모닝콜이 요란하게 울렸다. 밤새 뒤척이다 새벽녘에 겨우 잠들었기 때문에 몸이 무거웠다. 어제저녁에 가져온 스케줄을 훑어보았다. 오페라하우스, 비겔란 조각 공원, 바이킹 박물관, 노벨평화센터, 노르웨이 해양박물관, 오슬로 항구 등 본격적으로 취재해야 할 오슬로 관광지가 빡빡하게 적혀 있었다.

카메라, 망원렌즈가 든 가방, 펜, 수첩 등 갖가지 장비를 꾸려 호텔 로비로 내려갔다. 취재 행장을 꾸린 기자들이 약속한 시간에 맞춰 모여들었다. 무거운 카메라를 한쪽 어깨에 메고 다른 한쪽에는 필요한 물건들을 멘 것이 흡사 전쟁터에 나가는 병사들 같았다. 모두 다 취재에 열성을 다하겠다는 표정이었다.

J 기자와 Y 기자의 얼굴이 유난히 푸석했다. 어젯밤 늦게까지 백

야의 낭만에 취하여 한잔 꺾은 모양이었다. 그러나 아무리 술을 마셔도 약속된 시간을 지키려는 기자의 근성이 엿보였다.

동행한 J 이사가 안내를 하기로 했다. J 이사는 40이 갓 넘은 여자로 노르웨이 정부 관광청의 한국 홍보 대행사에 근무하고 있었다. 게다가 이곳을 몇 차례 왕래한 경험이 있어 웬만한 지역은 속속들이 알고 있었다. 그녀는 여성 특유의 섬세함도 있었고, 경우에 따라 상대가 무모하게 들이대는 야한 말에도 당황하지 않고 유머러스하게 받아넘기는 재치도 있었다. 말 안 듣기로 소문난 여행 기자들을 다루는 실력도 보통이 아니었다. 나는 본격적으로 여행을 시작하기 전에 메모해 놓았던 오슬로 자료들을 볼펜으로 금을 그어 가며 하나하나 훑어보았다.

오슬로는 노르웨이 남부에 있는 항구도시이다. 노르웨이 인구 500만 명 중 58만 명이 거주하는 이 나라 수도다. 1048년에 바이킹 왕 하랄드에 의해 건설되었고, 13세기 호콘 5세에 의하여 수도로 정해졌다. 또한 14세기에는 한자동맹(독일어의 Hansa동맹으로 집단이라는 뜻이다. 13~15세기에 독일 북부 연안과 발트해 연안의 여러 도시 사이에 이루어진 도시 연맹으로, 해상 교통의 안전 보장, 공동 방호, 상권 확장 따위를 목적으로 하였다.)의 항구로 번영하였다. 17세기의 대화재 이후에 재건되었다. 당시 덴마크 왕 크리스티안 4세에 의하여 크리스티아니아라고 이름 지어졌으나, 20세기에 들어와 오슬로라는 본명을 되찾았다.

남북 약 40km, 동서 약 20km로서 도시 안에는 녹지와 숲, 공원이 넓게 자리 잡고 있다. 피오르가 깊숙이 들어와 경치가 매우 아름다우며, 노르웨이를 대표하는 역사 문화의 도시로서 커뮤니케이션, 무역, 교육, 연구, 산업, 교통의 중심지이다.

오슬로 거리는 시내를 동서로 통과하는 약 1km 남짓한 칼 요한 거리(Karl Johan Street)가 중심지 역할을 하고 있다. 이 거리는 오슬로 최대 번화가이며 칼 요한 왕의 이름을 땄다. 상점과 레스토랑이 줄지어 있고, 오슬로 교통의 중심인 중앙역과 국회의사당이 있다. 서쪽에는 입센과 뵈른손의 동상이 서 있는 국립극장이 있고, 1858년에 완공한 칼 요한 왕궁이 있는데 이 궁전의 내부는 비공개이다.

또 18세기에 만들어진 6000개의 파이프와 104단 음계의 파이프오르간이 있는 오슬로 대성당도 이 거리에 있다. 이 성당은 복음주의 루터파의 총 본산지이다. 오슬로는 1952년 동계 올림픽이 열렸던 도시로, 스키 박물관에서는 노르웨이의 스키 역사를 살펴볼 수 있다.

첫째 방문지는 호텔 건너편에 있는 오페라하우스였다. 호텔에서 도보로 약 20분 거리, 항구에 접해 있는 오페라하우스는 오슬로 시의 문화 공연의 중심지였다. 빙산이 떠내려가는 모양의 이 건물은 몇 가지 큰 의미를 지니고 있었다. 건물 건축자재의 80%가 목재로

오페라하우스의 모습. 벽과 장식물 모두가 목재로 되어 있는 친환경 건축물이다. 구불구불하게 보이는 것은 나무로 된 층간 통로 벽이다.

사용되었다는 것과 건물이 들어서기 전에는 이곳이 쓸모없는 땅이었다는 점이다. 이 건물이 들어선 곳은 우리나라 서울의 상암공원이 들어서기 전 난지도처럼, 쓰레기 더미가 쌓인 곳이었다. 그 땅에 오페라하우스를 건립하겠다고 정부가 발표하자 대다수 국민들이 반대했다. 그러나 정부는 이에 굴하지 않고 반대하는 사람들을 다양한 방법으로 설득시키며 20년에 걸쳐 완공하여 2007년 4월 10일에 개관하였다. 이런 배경이 있는 오페라하우스는 진정으로 사람에 의해, 사람을 위한 설계라고 할 만했다.

오페라 건물의 정문인 두터운 유리문을 열고 실내로 들어섰다. 짙은 나무향이 온몸에 스미는 것 같아 마치 깊은 숲 속 산길을 걷는 기분이었다. 백색 나무와 연한 베이지색 나뭇결이 대조적으로 조화를 이뤄 무공해를 연상케 했고, 벽은 영롱한 푸른 루비색 조명으로 꾸며 놓아 마치 청정 얼음 속에 들어온 것 같았다.

500명을 수용할 수 있는 공연장에는 관람객 좌석을 반구형으로 배열해 놓고 있어 어느 좌석에서나 무대가 잘 보였다. 객석 의자도 붉은 장미색 천으로 감싸 호사스러운 분위기를 연출하고 있어 연간 300만 명의 관람객을 수용할 수 있는 공연장의 위엄을 과시하는 듯했다. 게다가 건물 외형에 특별한 것이 있었는데, 이 오페라하우스의 지붕에 완만하게 경사진 공원을 만들어 놓은 것이다. 이 공원은 오전 10시부터 밤 11시까지 모든 시민에게 무료로, 그것도 자유로이 활용할 수 있도록 개방하고 있었다. 이렇듯 오페라하우스는

반구형으로 배치시킨 공연장 관람석 의자.
어디에 앉아도 무대가 잘 보인다.

이용자의 편의를 최대로 배려한 구조였다.

마침 우리가 방문한 날은 공연이 없는 날이었다. 공연물을 보지 못해 아쉬웠으나 건물의 구석구석을 살펴볼 수 있었다. 오페라하우스 방문은 콘크리트, 석면 같은 화학자재가 사용되지 않은 녹색 건물에 대한 이해도를 높이는 데 큰 도움이 되었다.

"이 건물이 나타내는 의미는 무엇인가요?" 하고 물었더니 안내원이 말하기를 "빙산이 떠내려가는 모양을 콘셉트로 설계한 것입니다. 직접 보고, 마음으로 느껴 보세요. 물 흐르는 대로 마음껏 상상하시면 됩니다."라고 말했다. 그녀는 훤칠한 키에 치렁치렁한 금발의 젊은 여인이었다.

그런 대답을 들어서였을까. 다시 한 번 바라보는 오페라하우스 건물은 처음과 사뭇 다르게 보였다. 진취적인 것을 선호하고, 자연과 조화를 이루려는 노르웨이인의 정신을 이 건축에 효과적으로 담아낸 듯했다.

인간의 애환을 담은 비겔란 조각 공원

비겔란 조각 공원(Vigeland Sculpture Park)은 오슬로 중심가에서 자동차로 약 20분 내외 거리였다. 알고 보면 멀지 않은 거리였지만 빌딩군이 있는 중심가를 벗어나 한적한 길을 가다 보니 꽤 먼 것 같았다. 비겔란 조각 공원에 도착했을 때는 물안개 같은 얇은 이슬비가 촉촉이 내리고 있었다. 여행 취재를 할 때, 특히 외국 취재를 할 때의 이런 날씨는 참 애매하다. 숫제 장대비가 쏟아지면 스케줄을 변경할 수 있지만, 스프레이로 물을 뿌리듯 시나브로 비오는 날에는 이러지도 저러지도 못해 결단을 흐리게 한다. 일행은 머리칼과 옷이 축축해지는 것을 감수하고 예정된 스케줄대로 결행하기로 했다.

비겔란 조각 공원은 조각가 비겔란이 1915년부터 오슬로 시의 지원을 얻어 만든 세계 최대의 조각 공원이다.

비겔란(1869~1943)은 노르웨이의 대표적인 조각가다. 그는 가난한 목수의 아들로 태어났다. 어릴 때부터 조각에 천재적인 소질을 가지고 있던 그는 성장하면서 자신의 소질을 살리려고 여러 방면으로 노력했다. 하지만 그의 집안은 가난하여 조각에 전념하기에는 여러 가지 고난과 싸워야 했다. 1884년 오슬로에 진출하여 조각가 B. 버그슬리엔에게 사사 받았고, 그 후 1890년에는 정부가 주최한 전람회에 '다비드상'을 출품한 것이 계기가 되어 장학금을 받고 코펜하겐에서 공부하게 되었다. 1905년 노르웨이가 독립한 직후 오슬로 시는 그의 실력을 인정하고 지원을 아끼지 않았다.

그때부터 비겔란은 총면적 32km²인 이 공원에 인간이 일생 동안 겪는 갖가지 희로애락을 표현하였다. 대형 조각 작품 212개와 등장 인물상 671개를 제작하여 실물처럼 전시한 것이다. 비겔란 조각 공원 이름도 그의 이름에서 따온 것이다. 그러나 그가 가지고 있는 크고 원대한 미술적인 포부에는 미치지 못하고 일생을 마쳤다고 한다. 그의 예술적인 욕심의 끝은 어디까지였을까?

공원 내에 보리수나무 등 아름드리 수목이 빽빽하게 들어서 있었다. 겨울을 막 지낸 나뭇가지마다 4월의 엷은 신록을 잉태한 수목이 새아씨 젖꼭지처럼 움트고 있었고, 움이 트는 나뭇가지에서 은은하고 격조 있는 연녹의 향기가 코끝에 스며들었다. 아마 이 향기가 북구의 봄 냄새인지도 모른다. 나는 그 향기를 기억해 두려고 깊은 숨을 연거푸 들이마셨다.

공원에는 아름답게 꾸며 놓은 인공 호수와 박물관 등 다양한 시설이 있었다. 그래서 오슬로를 방문하는 사람들은 거의 이곳을 찾는다고 한다. 궂은 날씨였지만 가족들과 함께한 관람객들이 많았다. 외국인 관광객도 상당한 숫자였다. J이사는 매년 이 공원을 찾는 관광객이 100만 명이 넘는다고 말해 주었다.

공원 입구에서부터 메인 조각인 모놀리스(Monolith)가 있는 곳까지는 직선으로 300m 가까운 깨끗한 아스팔트길이었다. 길 양쪽에 인간의 삶을 다양하게 표현한 조각들이 두 줄로 세워져 있었는데 남녀 간의 사랑을 표시한 것은 금방 가쁜 숨소리가 들려올 듯 감정이 살아 있는 실물 같은 표정이었다. 여자를 안은 남자의 팔뚝에 굵은 핏줄이 싱싱했고, 포옹을 하는 여인의 얼굴에는 생기가 돌았다. 어떤 조각은 성난 표정을 하고 있었고, 어떤 것은 고독한 모습이었다. 남녀의 성교 장면도 묘사하고 있었다. 인간의 종족 번식 본능을 표현한 것이라고 했다. 성난 어린이의 얼굴에는 어른들의 비양심을 꾸짖었고, 병약한 노년을 표현한 작품에는 인생의 쓸쓸함이 묻어 있었다. 자신이 있고, 가족이 있고, 친구가 있고, 사회가 있었다. 인간의 모든 삶이 여기에 있었다. 나는 조각품이 있는 곳마다 작가의 표현 능력에 감동되어 시간 가는 줄 모르고 서 있곤 했다.

'딱딱한 돌로 어찌하면 이렇듯 인간의 일생을 깊이 표현했을까?'

비겔란은 단단한 돌을 밀가루 반죽처럼 부드럽게 만드는 마력이 있었다. 그 마력이 세기를 초월한 대 조각가로 탄생시킨 것이다. 예술이란 인간의 무한한 경지를 놀랍게 조명하는 일종의 신이기 때문이다.

이곳에서 내 시선을 잡는 작품은 단연 모놀리스였다. 나뿐만 아니라 이곳을 방문하는 관광객 모두는 이 모놀리스 앞에 발길을 멈춘다. 모놀리스 조각은 비겔란의 최고 걸작품으로 '하나의 큰 돌'이라는 뜻이다. 아스팔트길이 끝나는 곳으로부터 열댓 계단 위에 있는 이 조각은 17m의 일체형 화강암에 121명의 남녀가 뒤엉킨 인간 군상을

모놀리스 조각 작품. 비겔란의 최고 걸작품으로 17m 높이에 121명의 사람들이 조각되어 있다.

비겔란 공원에서 아코디언을 연주하는 여인과
비겔란의 조각품들. 인간의 일생을 표현한 다양한
조각품들이 무한한 감동을 일으킨다.

조각했다. 이 대작은 더 높은 곳을 향해 남보다 먼저 오르려 하는 인간의 원초적인 욕망을 역동적으로 표현했다. 상부에서는 작고 수직으로 서 있던 사람이 하부로 내려오며 몸집이 커지고 수평을 이루는 자세였다. 갓난아기에서부터 죽음에 이르는 노인까지 인간의 일생을 표현한 것이다. 비젤란은 이 조각을 완성하는 데 무려 14년이 걸렸다.

"따끈한 커피 한잔 드세요."

모놀리스에 빠져 있을 때, J이사가 커피 잔을 내밀었다. 편의점에서 사 온 종이 커피 잔의 따끈한 온기가 손까지 전해졌다. 커피를 마시며 공원 스피커에서 흘러나오는 음악과 함께 미술품을 감상하고 있는 것은 문자 그대로 평화였다. 그리고 나는 그곳에서 노르웨이 국민의 또 하나의 진면을 보았다.

모놀리스가 있는 계단 앞이었다. 겨우 걸음마를 하는 세 살배기 어린아이를 동반한 가족이 있었다. 비에 젖어 미끄러운 계단을 어린아이가 힘겹게 기어오르고 있었다. 아이의 부모는 아이의 곁에서 한 계단 한 계단 힘들게 기어오르고 있는 아이에게 잘한다고 용기를 돋우어 줄 뿐이었다. 그러나 부모의 눈동자는 조금도 아이에게서 떠나지 않았다. 우리네 정서 같으면 아이를 안든가, 아니면 업고 올라갈 것이지만 그들은 끝내 그렇게 하지 않았다. 어찌 보면 그런 부모가 매정스러워 보였다. 이런 것이 우리와 그들과의 문화와 정서의 차이일까? 목적과 과정에 대한 가치관의 차이일까? 숨을 할딱이며 계단 끝까지 오른 어린아이를 아버지가 번쩍 안아 하늘을 향해 올리면서 "오딘!" 하고 소리쳤다.

"잘했다. 정말 잘했어."

가족 모두가 어린아이를 향해 손뼉 치며 환호했다. 울지도 않고 힘듦을 인내하며 목표를 달성하는 어린아이. 그런 아이를 칭찬하는 부모. 바로 저런 것이 그들의 조상인 바이킹으로부터 물려받은 강인함이 아니겠는가. 나는 비겔란 조각 공원에서 깊은 사색에 빠졌다. 늘 바쁘다는 핑계로 평화라는 단어마저 까마득해진 자신의 흔적을 되짚어 보았고, 또 살아가야 할 삶의 모습을 그려 보았다.

우리는 다음 방문지인 바이킹 박물관으로 가야 했기에 조각 공원을 다 둘러보지 못한 아쉬움을 안은 채 발길을 옮겼다. 내 생애에 언제인가 나를 관조해 볼 시간이 생긴다면, 인간의 희로애락이 고스란히 숨 쉬고 있는 비겔란 조각 공원을 다시 찾기로 작심하며…….

'오딘'의 용감성이 흐르는 바이킹

"오호라, 이제 바이킹들이 탔던 배들을 직접 보겠구나."

오슬로 중앙역에서 시내버스를 타고 바이킹 박물관으로 가는 20여 분 동안 큰 설렘으로 들떠 있었다.

앞에서도 얘기했듯이 바이킹은 이 나라 국민들의 조상이며 역사의 주인공이다. 그러나 바이킹에 대한 내 사전 지식은 크고, 굵고, 호탕하고, 포악하고, 야만적이란 게 전부였다. 선수에 용머리를 조각한 큰 배를 타고 칼과 창을 휘두르며 적과 싸우는 체구 큰 바이킹족, 금발의 공주를 납치해 그들의 여자로 만드는 사람들, 영화에서 본 영상이 크게 작용한 탓이다. 그래서 바이킹 박물관의 규모도 굉장히 크고 웅장할 것이라고 생각했다.

바이킹 박물관에 도착했다. 눈에 들어온 박물관 건물 규모는 왜소했다. 빨간 지붕을 한 자그마한 기역자 건물로 외관은 마치 어느 시골의 작은 성당 같았다. 잔디가 곱게 자란 마당에 손님맞이용 장의자가 몇 줄 놓여 있고, 의자에는 두어 사람이 한가하게 앉아 있을 뿐이었다.

"아니, 도대체 이게 뭐야?"

박물관 안에 전시된 바이킹선을 보는 순간 내뱉은 첫 말이었다. 내가 여태껏 생각해 오던 바이킹선에 비해 너무 왜소해 바이킹에 대한 환상이 와르르 한꺼번에 무너져 내렸다. 그래도 내부 분위기만은 밖의 분위기와는 달리 무겁고 엄숙했다. 전시되고 있는 배는 9~11세기에 북방을 호령했던 공포의 바이킹선 3척이 복원되어 있었다. 이 배들은 오슬로 피오르에서 발굴된 '오세베르그호', '고크스타호', '투네호'였다. 이 배들의 이름은 발견된 지명을 따서 붙여졌다.

그중 9세기 초에 건조된 오세베르그호는 선수에 크고 아름다운 조각으로 장식되어 있었고, 그 자태를 자랑이나 하듯 받침대 위에 점잖게 누워 있었다. 이 배는 35 명의 노 젓는 사람과 돛을 이용해 항해했다고 한다. 그러나 50년을 사용한

바이킹 박물관 입구

후 '오' 여왕이 죽었을 때 관으로 사용되었다고 한다. 선체의 길이가 30m, 최대 폭 6m인 배와 함께 출토된 각종 장식품, 부엌용품, 가구류 등의 부장품도 더불어 전시되고 있었다. 고크스타호는 32명의 노 젓는 사람과 돛으로 항해한 전형적인 바이킹선이다. 12마리의 말과 6마리 개의 머리로 장식된 침대, 3척의 보트 등이 함께 발견됐다. 투네호는 배 밑바닥만 발견되었는데, 원거리 항해용으로 이용했던 것으로 추정하고 있다.

이 배들은 본디 목선이었지만 바닷속에 파묻혀 있는 동안 흑석처럼 단단하게 굳어진 검은색이었다. 그러나 용머리 장식을 한 선수는 하늘을 향해 높이 솟아 있었고, 날렵하고 정교한 자태가 바이킹의 용맹성을 자랑이나 하듯, 북유럽 해양을 장악한 그들의 역사를 그대로 보여 주고 있었다. 전시되고 있는 배 중 2척은 드라카 타입이었고, 나머지 1척은 나르 타입이었다. 전시된 배들의 크기는 우리나라 작은 포구에서 고기잡이하는 어선 정도였다. 오랫

동안 물속에 잠겨 있었던 관계로 목재는 썩어 선체 원형은 없어지고 하부만 남아 있었다.

나는 문득 조선시대 이순신 장군과 거북선을 떠올렸다. 중세 유럽 바다에 이름을 떨친 바이킹선이 이 정도라면, 우리 거북선은 세계적인 함선이 아닌가. 그렇다면 아시아 한반도의 작은 나라에서 건조된 거북선이 세계적인 명성을 날렸어야 될 일이 아닌가. 하지만 우리가 진

전시되고 있는 바이킹선. 본디 목선이었지만 바닷속에 오랜 시간 파묻혀 있어 흑석 같은 모습이 되었다.

보된 조선술을 소유한 국가인들 무엇 하겠는가. 늘 수세의 입장에만 있었던 것을. 그 명성을 펼쳐 볼 수조차 없었던 우리의 역사가 측은하게 느껴졌다.

'이런 작은 배로 어떻게 해적 노릇을 했으며, 커다란 상선까지 제압했을까?'

내가 생각에 잠겨 있을 때였다. 검은 양복 차림에 선홍빛 넥타이를 단정하게 맨 안내원이 다가왔다. 그는 멀리서 온 우리 일행에

게 바이킹의 모든 것을 친절하게 설명해 주었다.

"바이킹은 8세기부터 11세기까지 유럽 지역에서 활약한 스칸디나비아의 전사 겸 해적이었어요. 바이킹이란 '바닷가에 모여 사는 사람들'이라는 뜻이지요. 최초의 바이킹이 존재할 당시, 스칸디나비아반도에 위치한 스웨덴, 노르웨이, 덴마크 사람들은 동족이었어요. 동일한 언어를 사용했고 숭배하는 신 또한 같았어요. 이 세 나라는 험준한 지형과 좁은 농토 때문에 내륙으로 진출하기가 어려웠어요. 특히 노르웨이는 북쪽 해안에 있어 살아가기가 더욱 가혹했지요. 그래서 증가하는 인구를 위해서도 제한된 환경을 벗어나야만 했습니다. 대양으로의 진출만이 그들이 살길이었습니다."

바이킹의 배

바이킹들이 사용한 배의 타입은 대략 '드라카'와 '나르'이다. 드라카는 고대 스칸디나비아어로 '용'을 의미하는 '롱쉽'이다. 롱쉽은 선체가 길고 흘수가 얕은 배로 주로 전투와 모험에 사용됐다. 속도와 조종성을 중시했으며, 돛 외에도 노를 장치해 풍향에 관계없이 움직일 수 있었다. 흘수가 얕아 얕은 물로 접근해 상륙하는 데 용이하도록 설계되었다.

나르는 선체 밑이 넓고 흘수가 깊어 화물 적재에 적합하다. 노의 숫자가 제한되어 있어 주로 항구에서 많은 양의 화물을 적재하는 경우에만 사용됐다.

바이킹이 해적 활동을 할 때 '드라카'는 주로 전쟁용으로 이용되었고, '나르'는 약탈한 물건 등을 운반하는 화물 운반선으로 쓰였을 것이라 추정한다.

안내원은 말을 이었다.

"그 무렵 영국을 위시한 신대륙 국가들은 철재 산업의 발달로 해양 교통이 성행하게 됐어요. 그들은 신대륙의 부와 기술을 끝없이 열망했고, 그런 열망은 곧 적극적인 약탈 행위로 변했답니다. 원시 어업으로 생계를 유지하던 바이킹은 지나가는 상선을 약탈한 것이 동기가 되어 약탈이 본업으로 둔갑된 것이에요. 바이킹의 찬란한 역사는 여기서부터 시작됩니다. 그들은 주로 야음에 습격했어요. 뿔이 달린 투구를 쓰고 미늘 갑옷을 입었고, 날카로운 양날 칼과 창, 무시무시한 도끼를 휘둘렀어요. 그들은 많은 생명을 죽이고 또 죽였어요. 식량과 보화를 약탈했고, 금발의 젊고 아름다운 여인들을 납치했어요. 그중에는 성의 공주도 있었고, 지체 높은 귀족도 있었지요. 영국의 해안을 접한 어느 마을에서는 '오! 하느님, 우리를 북방인의 진노로부터 보호해 주소서!'라고 할 정도로 바이킹은 두려운 존재였어요. 그들은 언제 어디서 죽음을 맞을지 몰랐어요. 생명을 담보한 투쟁이었거든요. 낮에는 싸우고 밤에는 술과 고기로 배를 채우며 아름다운 여인과 함께 지냈어요. 술과 여자는 죽음을 망각할 수 있는 순간적인 도구였어요. 바이킹이 한창 용맹을 떨치던 전성기에는 유럽 각지에 식민지를 두기도 했어요. 그 후 200여 년간 유럽의 역사에 많은 영향을 주었지만 결국은 패권을 잃고 흩어지고 말아요. 이것이 바이킹의 역사랍니다."

안내자의 긴 설명이 끝났다. 그리고 그는 한마디 덧붙였다.

"후세의 일부 사학자들은 무자비한 침략과 살육의 해적 바이킹은 실제로는 없었다고 주장합니다."

영국의 탐험가이자 역사학자인 작가 팀 세버린은 그의 저서 《바이킹-오딘의 후예(Viking- Odinns Child)》에서 이렇게 서술했다.

"바이킹은 고대 어느 민족보다 강렬한 이미지를 지닌 민족이다. 그러나 그의 실체는 명예를 지키기 위해 목숨마저 던지는 의로운 영웅이었다. 그리고 그들은 원초적인 신앙을 가졌다. 유럽 전역의 신앙이었던 기독교와 다른 해양의 신 '오딘'을 숭배한 것이다.

오딘은 여러 신들이 살아남을 지혜를 얻기 위해 눈 하나를 내주었으며, 룬의 비밀을 터득하기 위해 스스로 창에 찔려 이그라드실 나무(물푸레나무)에 아흐레나 매달려 있었다.

바이킹들은 오딘이 그랬듯이 희생과 고통을 겪어야만 지혜를 얻을 영혼 문이 열린다고 여겼다. 그리고 영혼이 정신 속에 존재하므로 정신이 자유로워야 한다는 오딘의 신화를 신앙으로 믿었다."

세버린은 바이킹의 실체가 제대로 알려지지 못했다고 했다. 더욱이 바이킹들은 유럽과 신대륙 아메리카를 오가며 문명을 교류했던 메신저 역할도 했다고 주장하였다. 세버린의 생각을 지지하듯 노르웨이 국민들은 지금도 용감하고, 진취적이고, 지혜로운 조상 바이킹을 자랑스럽게 생각하고 있었다.

사실 북유럽 신화를 보면, 바이킹 시대는 우상 숭배의 시대였다. 내려오는 전설에 의하면 그들이 숭배하는 수많은 신들 중에는 여성 신들이 많았다. 토르(Thor)라는 신은 전사의 신으로 묠니르(Mjollnir)라는 망치를 들고 다녔다. 묠니르를 내려치기만 하면 무엇이든 천둥 치는 소리를 내며 부서졌다. 지금도 노르웨이 남자 이름 중에는 토르라는 이름이 많다고 하는데, 이는 그들 조상의 용맹성을 의미한다. 여신 프레이야(Freya)는 좋은 땅과 가축을 관장했다. 로키(Loki)는 장난꾸러기 마술사로 언제 무슨 일을 저지를지 모를 위험한 존재였으며 다른 신들로부터 괴롭힘을 당했다. 신들을 위협하는 또 다른 존재는 삶의 어두운 면을 표상하는 거인족 요툰이었다. 그 이외 여러 신들이 있었으나, 지혜롭고 나이 많은 오딘 신이 우두머리였다.

노르웨이 신화에 등장하는 신들은 음탕하고 야만적이었다. 싸우고, 먹고, 마시는 것으로 세월을 보냈다. 그러나 그들의 생활은 위험의 연속이었다. 험난한 바다에서 생명을 건 해적 생활이 쉬운 일이 아니었기에 그들은 신에게 의지하지 않을 수 없었다. 그들의 운명은 신이 좌우한다고 믿었기에 우상 신을 숭배하는 것이 종교처럼 되어 버렸다. 실제로 초기 바이킹들은 신화에 등장하는 신들과 같이 폭력이 지배하는 세상을 살았다.

이런 생활을 증명하는 것은 출토된 유물이다. 바이킹 남자들의 무덤에는 언제나 칼이나 또는 철을 덧댄 나무 방패, 창, 도끼, 활과 화살촉 같은 무기가 함께 있었다.

바이킹은 종교적인 관례에 따라 신분이 높은 사람이면 그가 사용했던 배도 함께 묻었다. 어떤 배 무덤에서는 낫이나 괭이 같은 농기구들이 부장품으로 출토되기도 하였다. 이런 것들을 근거로 하여 바이킹의 삶이 야만적인 것만은 아니고 평화를 원하고 있었다는 것이다. 평화가 있는 사후 세계를 중요시했다는 것도 믿음이 갔다. 동서고금을 막론하고 인간의 근본은 평화이다.

바이킹들이 비록 야만적인 해적이었지만 인간의 본성을 가진 사람이 아닌가. 바이킹 박물관을 나와 거리를 활보하는 사람을 눈여겨보았다. 유모차를 밀고 가는 꽁지머리 사나이, 짝을 지어 걸어가는 피부색이 다른 학생들, 일본식 초밥집 앞을 지나는 짧은 치마의 여인 등이 있었다. 하지만 거칠고 야만스러운 바이킹의 모습은 찾아볼 수 없었다.

노벨평화센터와 뭉크 박물관

바이킹 박물관을 떠나, 노벨평화상을 수여하는 노벨평화센터를 방문했다. 노벨평화센터는 세계 평화와 분쟁 해결에 관심을 높이기 위하여 2005년에 설립되었다. 건물은 오슬로 시청 부근에 있었는데, 베이지색 석조 건축물이었다. 외형으로 보아 고대 유럽식 건축양식에 서구 현대식 건축양식을 가미한 듯했다. 건물 위에 '노벨평화센터'라는 표지가 새겨져 있고, 오른쪽 벽에는 '킹으로부터 오바마까지(From King to Obama)'라고 쓰인 현수막이 길게 늘어져 있었다. 여기에 명명된 킹은 미국의 인권운동가인 마틴 루터 킹 목사다.

건물에 들어서자 안내자 두 사람이 기다리고 있었다. 한 명은 나이가 들어 보이는 은발의 여인이었고, 한 명은 전형적인 북구인의 체격을 가진 젊은 흑발의 여인이었다. 이들은 노벨평화상을 수상한 국가에서 기자단이 취재차 방문한다는 연락을 받았다며 친절하게 안내해 주었다.

"아, 흑발! 노르웨이에 금발이 아닌 흑발을 가진 사람도 사는구나. 금발을 가진 사람만 사는 줄 알았는데……."

노르웨이로 여행 온 이래 흑발을 가진 여자를 처음 본 것 같았다. 언뜻 보기에는 동양계 사람인 줄 알았는데 키가 크고 체구가 큰 걸 보니 동양인은 아니었다.

실내 전시관에는 노벨평화상의 취지부터 평화상을 수상한 사람들의 신상과 업적에 관한 것을 연도별·장르별로 전시해 두고 있었다. 어떤 것은 글로, 어떤 것은 사진으로, 어떤 것은 영상으로 누구나 쉽게 이해할 수 있도록 꾸며 두었다.

은발과 흑발의 두 안내자가 번갈아 가며 노벨평화상에 대한 취지와 의의, 그리고 인류에 공헌해 수상한 사람과 단체들의 업적을 설명하였다.

"노벨상은 한마디로 말한다면 인류의 평화를 위해 제정된 상입니다. 노벨의 유언으로 만들어진 상으로 물리학상·화학상·경제학상·의학상·문학상 및 평화상 6개 부문에 시상합니다. 다른 상은 특정 분야에 한정되어 있는데 비해, 평화상은 인류의 평화와 형제애를 위해 공헌한 사람에게 수여되지요.

오슬로의 노벨평화센터 앞에 선 필자

또 국가 간의 우호와 군비 감축, 평화 교섭 등에 큰 공헌이 있는 인물이나 단체에게도 주어집니다. 시상식은 다른 부문은 스웨덴에서 하지만 평화상만은 노르웨이 오슬로에 있는 국회에서 열립니다. 그동안 한국에서도 김대중 전 대통령, 김영삼 전 대통령, 정주영 전 현대그룹 명예회장, 김순권 옥수수 박사, 조영식 경희학원장 등이 노벨평화상 후보에 올랐지요. 그중 김대중 대통령은 1987년부터 2000년까지 14번째 후보로 올랐다가, 마침내 노벨평화상을 받으셨습니다."

안내자들이 들려주는 역대 노벨평화상 수상자 중에는 귀에 친숙한 이름들도 많았다. 1901년 적십자를 설립한 사람으로 제네바 협약을 제안해 러·일 전쟁을 중재한 스위스의 앙리 뒤낭(제1회 평화상 수상자), 미국의 시민운동을 주도한 마틴 루터 킹 목사, 인도의 가난한 사람에게 헌신적인 봉사로 일생을 마감한 테레사

노벨상에 대해 설명하는 안내원 뒤로 2000년 노벨평화상 수상자인 고 김대중 전 대통령 사진이 보인다.

수녀, 폴란드 국민의 인권 지도자이며 공산 정권 붕괴 이후 첫 대통령을 역임한 레흐 바웬사, 민주주의 인권 향상에 기여한 업적과 남북 분단 이후 최초로 남북 정상회담을 성사시킨 한국의 김대중 대통령, 국제 외교와 인류 협력 강화를 위해 노력한 미국의 오바마 대통령 등이었다.

　건물 층계를 오르며 많은 수상자들의 업적과 경력에 대하여 설명을 들을 때였다. 한 코너에서 김대중 전 대통령의 동영상이 흘러가고 있는 게 아닌가. 김대중 대통령은 슬며시 웃고 있었다. 그곳은 김대중 대통령을 위해 마련된 곳이었다. 2000년 노벨평화상 시상 100주년을 맞는 해에 평화상을 수상한 김대중 대통령의 업적이 상세하게 전시되고 있었다. 인류의 평화와 인권을 위한 업적을 남긴 세계 속의 위인들 중에 한국인이 있다는 긍지가 가슴속에서 활활 타올랐다. 감격스럽고 뿌듯했다. 이 자리를 방문한 한국인이라면 누구나 공감할 것이리라. 설명하는 안내자도 상기된 얼굴로 손짓, 몸짓을 다해 가며 열을 올렸다. 그녀도 노벨상을 수상한 국가에서 온 훌륭한 국민에게 성의를 다하려는 몸짓임이 분명했다.

　노벨평화센터 취재를 끝내고 실외로 나왔다. 싸늘한 기온이 목을 휘감았다. 두 안내자는 건물 입구까지 따라 나와 이별의 손을 흔들어 주었다. 친절하고 상냥한 그들이 무척 고마웠다. 이곳에서 김대중 대통령의 업적을 살피노라면, 먼 이국에서 한국 국민의 자부심을 충분히 느낄 수 있을 것이다. 노르웨이를 방문하는 한국 사람이라면 누구나 꼭 이곳을 방문해 보라고 권한다.

에드바르 뭉크(Edvard Munch, 1863~1944)

노르웨이 출생. 표현주의 화가이며 판화 작가로, 노르웨이에서는 국민적인 화가이다. 처음에는 신(新)인상파의 영향을 받아 점묘의 수법으로 삶과 죽음에의 극적이고 내면적인 그림을 그렸다. 뭉크는 몸이 약했는데, 작품에도 그 영향이 고스란히 드러난다.
뭉크는 여인의 나체와 노르웨이의 풍경 등 다양한 그림을 그렸다. 하지만 생과 죽음의 문제, 인간 존재의 근원에 존재하는 고독, 질투, 불안 등을 응시하는 인물화를 많이 그렸다. 1893년에 그린 대표작 〈절규(The Scream)〉는 그의 미술 세계가 가장 잘 드러났으며, 세계 미술사에 큰 영향을 끼쳤다. 에르바르 뭉크의 〈절규〉라는 이름으로 그린 작품은 모두 4연작으로 2점은 유화이고 2점은 파스텔화다. 그중 1점(1895년 작품. 파스텔화)이 2012년 5월 2일 뉴욕 소더비 경매에서 역대 미술품 중 가장 최고가인 1억 1990만 달러(약 1355억 원)에 거래됐다. 경매된 작품은 가로 59cm, 세로 79cm로 유일하게 민간인이 소장하고 있던 작품이다. 나머지 작품은 노르웨이 박물관 1점, 뭉크 미술관에 2점이 보관돼 있다.

가슴에 뿌듯함을 가득 안고 세계적인 화가 에드바르 뭉크를 찾아, 그의 작품이 전시된 뭉크 박물관으로 이동했다.

박물관에는 인간의 고뇌를 표현한 뭉크 특유의 미술 작품들이 걸려 있었다. 〈병상의 소녀〉, 〈죽음과 소녀〉 같은 질병이나 죽음을 그린 작품과 〈질투〉, 〈입맞춤〉같이 사랑을 표현한 작품도 보였다. 〈질투〉에서는 하얗게 질린 얼굴의 남자 뒤로 미소를 머금은 한 여자가 보인다. 여자는 거의 나체인 상태로 다른 남자와 안고 있는데, 만약 질투도 사랑의 한 방식이라면 남자의 창백하고 초췌한 얼굴빛은 여자를 향한 포기할 수 없는 사랑이라고 느껴졌다.

뭉크의 대표작인 〈절규〉 앞에 섰을 때는 감회가 새로웠다. 저녁노을이 가득한 피오르에 걸쳐진 다리, 그곳에 귀를 막고 절규하는 인물. 우리가 언젠가 한번쯤은 미술책에서 본 인상적인 그림이 아니었던가.

뭉크의 〈절규〉는 '세상은 끝없는 절규'라는 공포에 질려 귀를 막고 있는 인물을 그린 작품이다. 파리에서 앙리 로트레크, 빈센트 반 고흐 등과 어울리던 시기에 창작된 것이다. 인간의 비극적 측면과 인간관계에 관심을 가졌던 그는 절망에 빠진 인간의 모습을 강렬하게 표현하였다.

그림의 배경이 된 피오르는 오슬로 시내 이케베르크 지역에 존재하고 있지만 실제로는 다리가 아닌 도로다. 그 도로에 〈절규〉의 비가 세워져 있어 관광객들은 이곳에서 기념사진을 촬영한다. 〈절규〉는 작품이 4개인데, 이 박물관에 2점이 전시되어 있었다.

오슬로 항구와 시계탑

호텔로 돌아오는 길에 오슬로 항구를 찾았다. 물비린내가 엷게 스민 부두에는 큰 여객선, 화물선, 어선, 요트 등이 빽빽하게 들어차 있고, 하늘에는 북구 특유의 잿빛 구름이 두텁게 덮여 있었다. 바다의 신을 향해 횃불을 피워 들고, 바다로 간 형제의 무사함을 기원하는 주술사 동상이 오슬로의 깊은 피오르를 향해 시선을 꽂고 있었다. 선착장에는 장의자를 군데군데 마련해 놓았는데, 그중 한 곳에 두터운 목도리를 두른 할머니가 앉아 책을 읽었다. 그 모습이 이곳 사람들의 여유를 말해 주는 듯했다.

여객선에서 출항을 알리는 뱃고동 소리가 뚜두~ 하고 크고 길게 메아리쳐 울렸다. 아무렇게나 앉은 남루한 거리의 악사가 아코디언 멜로디를 뱃고동에 얹었다. 고즈넉하고 낭만적인 항구의 멜로디, 그 멜로디에 취했는지 항구도시 오슬로가 나에게 더 가깝게 다가서고 있었다.

Chapter 2
노르웨이 인 어 넛셸, 신의 작품 피오르를 만나다

오슬로에서 뮈르달로

오슬로에서 하룻밤을 묵고, 건설한 지 100년이 넘었다는 471km 길이의 베르겐 철도에 올랐다. 설원의 천지 뮈르달로 가기 위해서였다. 노르웨이 인 어 넛셸(Norway in a Nutshell)은 노르웨이에서 가장 빼어난 경치를 한 번에 둘러볼 수 있는 알짜배기 여행 코스이다. 장엄한 피오르와 아름다운 산간 마을, 고색창연한 도시들을 구경할 수 있기 때문이다. 주요 교통수단은 열차와 크루즈이다. 오슬로-뮈르달 간 기차, 뮈르달-플롬 간 산악 열차, 플롬-구드방엔 간 크루즈, 구드방엔-보스 간 버스, 보스-베르겐 간 기차로 연결되는 코스다. 노르웨이에서 가장 아름다운 이 코스는 중앙역에서 출발하는 산악 기차로부터 시작된다.

우리는 마침내 기차를 타고 노르웨이 관광의 진수인 설원과 피오르 속으로 들어갔다. 영하의 찬바람과 함께 굵은 눈발이 어지럽게 휘날렸다.

"이제부터 북구의 추운 날씨를 제대로 경험하겠구먼."

나는 마음을 단단히 동여매고, 두터운 방한복과 털실로 짠 회색 목도리를 칭칭 둘렀다. 이 목도리는 우리나라에서 오스트리아 관광청 업무를 대행하는 C씨가 준 것인데, 양털로 짠 것이라 폭신하고 따뜻해 이번 여행에는 백만 달러 값어치로 쓰임새가 좋았다.

기차 안에는 키를 넘는 스키 장비와 울긋불긋한 스키 복장을 한 스키어들로 꽉 차 있었다. 더러는 서서 가는 사람도 있었다. 주로 내국인이었지만 독일이나 헝가리, 영국 등 유럽에서 온 외국인들도 많았다. 그중에 일본인도 보였다.

우리 일행은 창밖 설원이 잘 보이게 큰 통유리 창이 달린 여객 칸에 자리를 배정받았다. 아마 이 칸은 철도를 운영하는 측에서 관광객을 위해 만들어 놓은 것 같았다. 나는 카메라에 300mm 망원렌즈로 갈아 끼우며 촬영할 준비를 서둘렀다. L기자는 카메라 2대에다 각기 다른 용도의 렌즈를 장착했다. 일행 모두는 제각기 창가에 자리를 잡고 카메라와 펜을 준비했다. 저마다 눈을 번뜩이며 기자의 취재 근성을 토해 내고 있었다. 멋진 풍경을 담아내기 위해서는 한 치의 양보도 안 하겠다는 다짐 같은 것이 엿보였다.

피오르를 만나러 떠난 북방의 길 노르웨이 여행은 선이 굵은 여행길이었다. 북구의 스칸디나비아반도는 아직 겨울잠에서 깨어나지 않고 있었다. 산, 평원 할 것 없이 온 천지가 깊은 설원이었다. 대규모 스키 리조트가 자리 잡은 예일로 역에서 스키어들은 스키

노르웨이의 설원. 스키어를 위한 별장이 보인다.

장비를 짊어지고 우르르 내렸다. 밤톨만 한 눈이 시야를 가리며 내리고 있었다. 이곳은 5월까지 눈이 내리기 때문에 5월 늦게까지 스키를 탈 수 있다고 한다.

열차가 다시 출발한 후, 뮈르달까지 가는 동안 차창 너머로 들어오는 설원은 글자 그대로 아무것도 보이지 않은 백색의 천지였다. 겨울 스키어를 위해 지어진 별장들이 드문드문 보이긴 했다. 하지만 처마까지 눈이 쌓여 스키를 타지 않으면 왕래가 어려워 보였다.

드문드문 보이는 별장들은 스키어들이 먹고 자고 스키를 즐기다가 열쇠를 두고 가면 다음에 오는 사람들이 이용한다고 한다. 철길을 따라 산악자전거 길이 있어 여름이면 장거리 자전거 마니아도 많다고 한다. 철도회사 직원인 안내자가 산악 열차를 이용하는 손님들에게 상냥하게 설명해 주었다.

뮈르달에서 플롬으로

우리 일행은 866m인 뮈르달에서 플롬스바나로 갈아탔다. 플롬스바나는 송네 피오르의 끝자락에 자리 잡은 작은 포구 플롬까지 가는 산악 열차이다. 가파른 절벽을 터널과 다리로 연결한 철길은 평균 경사각이 55도이고 터널이 20개나 있는데, 착공 20년 만에 완공되었다고 한다. 높은 산과 까마득한 협곡, 아름다운 강이 어우러져 자연의 웅대함과 아기자기함을 함께 맛볼 수 있는 코스로, 이 코스는 세계에서 가장 아름다운 기차 여행 중의 하나로 손꼽힌다.

기차가 운행 중 터널에 머무는 시간이 많지만 일단 굴을 통과하면 좌우로 까마득히 내려다보이는 낭떠러지가 나타난다. 나는 낭떠러지 높이에 현기증이 생기기도 했다.

뮈르달까지는 시속 40km의 속도로 50분가량 가는데 21구비의 곡선을 지그재그로 이어지는 랄라르베엔 도로가 기차를 따라왔다. 98m 낙차인 쇼스포센 폭포는 빙벽이 되어 허연 이빨을 드러내고 있었다.

"우아! 이런 것이 북구의 모습이었구나!"

눈이 휘둥그레진 나는 연신 카메라 셔터를 눌러 댔다.

플롬에서 구드방엔으로

플롬은 인구 350만 명의 작은 도시였다. 일행은 플롬에서 구드방엔을 연결하는 여객선에 올랐다. 여기서부터 노르웨이 피오르의 진수인 송네 피오르를 맛보게 된다.

피오르는 빙하시대 스칸디나비아반도 대부분을 차지했던 어마어마한 빙하가 흘러내려 만들어진 것이다. 빙하가 지나간 계곡에 그 압력으로 U자형의 협곡이 만들어졌고, 그 지형에 바닷물이 흘러 들어가 형성된 것이다.

그중 송네 피오르는 세계에서 가장 긴 피오르이다. 총길이가 205km, 깊이는 약 1300m에 이르며 평균 폭이 약 5km이다. 계곡 상단에서 떨어지는 높이 93m인 키오스포스 폭포를 보았을 때는 그 웅장함에 온몸에서 소름이 돋아날 정도로 놀랐다. 이 폭포에서 피어오른 무지개가 마치 북극 하늘에 연출되는 오로라처럼 환상적이었다.

여객선은 정원이 300여 명이 넘는 큰 배였다. 태양이 보이지 않을 만큼 높은 산에 가려진 피오르. 그 뱃길을 따라 여객선은 유유히 산을 비집고 들어가는 것만 같았다. 엉킨 실핏줄 같은 요철 모양의 피오르를 항해하다 보니 배가 산으로 가는 착각을 일으켰다. 혹시 배가 고장 난 것은 아닐까. 아니면 항해사가 해로를 잘못 찾은 것은 아닐까 하는 생각에 마음이 조마조마해졌다.

피오르에 담긴 물이 바닷물인지 호수 물인지도 분간키 어려웠다. 그러나 훤히 들여다보이는 물 밑에 불가사리가 있는 것이 바다임에는 틀림없었다. 《노자》에는 '우주가 생성되던 혼돈 시기에 지구는 물이었다(太一生水).'라고 적혀 있다. 100만 년 전 물이 얼어 빙하가 되었다가 흘러내린 상처에 바닷물이 들어선 피오르. 그렇다면 피오르는 지구를 창조하신 조물주가 산과 바다를 고루 섞어 놓기 위해 표본 삼아 만들어 낸 작품이 아닐까.

하늘은 잿빛이었다. 높은 설산 위로 이따금 구름을 찢고 햇볕이 내리쬐었다. 그 햇살은 마치 어디선가 온 우주 비행 물체가 뿜어내는 광선처럼 찬란했다.

유람선 선상에 불어오는 바람은 몹시 세찼다. 북구의 냉기가 그대로 담겨 있었다. 피오르의 눈 덮인 산을 구경하는 관광객들은 모두 두꺼운 옷에다 목도리를 칭칭 감았다. 젊은 남자가 선글라스를 눌러쓴 여자를 꼭 안은 채 설산을 가리키며 정담을 나눈다. 아마 신혼여행을 온 부부인 듯했다. 그 모습이 좋아 사진 한 장 찍겠다고 양해를 구했다. 그들은 독일에서 왔다고 자신들을 소개하며 기꺼이 포즈를 취해 주었다.

스칸디나비아반도의 눈 덮인 산야와 아름다운 자연, 바다인지 호수인지 분간 못할 만치 산허리까지 들어선 피오르. 자연이 만들어 낸 아름다운 경치는 노르웨이에서만 경험할 수 있는 진풍경이었다.

송네 피오르 크루즈 선상의 필자

2시간 가까운 유람선 취재를 마치고 우리 일행은 카메라를 접었다. 구드방엔 선착장에 도착했음을 알리는 굵은 뱃고동 소리가 높은 산에 부딪쳤다. 추운 날씨에 선상에서 취재한 까닭으로 몹시 피곤했다. 나뿐만 아니라 일행 모두가 피로한 기색이었다.

구드방엔은 작은 마을이었다. 주산업은 어업이었지만 피오르를 이용한 관광산업과 철도를 이용한 유통으로 소득을 올리고 있었다. 우리가 묵을 피오르 호텔은 규모는 작고 객실이 여럿인 일자형 건물이었다. 근래에 목재로만 구조를 변경하여 보기보다 친환경적이고 깨끗했다. 하지만 복도를 걸으니 삐꺽삐꺽하는 마찰음이 났다. 어쩌면 이 소리가 이 작은 호텔의 역사를 말하는 것인지도 모른다.

마찰음 때문에 숙면을 못 취할까 걱정이 되었지만, 현재 상황으로 보아 잠자리가 어떻다고 투정할 처지도 못 되었다. 이곳에서 잘 곳이라고는 이곳뿐이라고 J 이사가 말했기 때문이다.

호텔 뒤로는 어림잡아 100m에 가까운 붉은 절벽이 병풍처럼 펼쳐 있었다. 양 옆으로 나지막한 산줄기가 날개처럼 뻗어 있었다.

해산물을 위주로 한 저녁 식사와 함께 피로를 풀 겸 술도 마셨다. 그러나 모두 맥주 한 잔 정도만 마시고 알코올 도수가 높은 술은 사양했다. 고생에 단련이 되었다는 기자들도 힘들고 고되긴 마찬가지였나 보다. 하긴 초청자 측에서 보면 많은 비용을 들여서 기자들을 데려왔으니, 더 풍부한 취재를 바라는 건 당연하겠지. 우리는 다음 스케줄에 대비해 일찌감치 잠자리에 들었다.

다음 날 아침, 개운한 몸과 마음으로 일어나 호텔 문을 나와 오른쪽에 용의 모습처럼 길게 뻗은 산에 올랐다. 산에서 본 구드방엔 마을은 깊이 파인 U자형 지형이었다. 빨간 지붕을 한 집들이 바다를 향한 양지쪽에 모여 있었다. 작고 한가로운 마을이었지만 자동차와 높이 선 돛대를 가진 하얀 요트가 집집마다 있었다.

노르웨이의 작은 농어촌은 고립 지역이 아니었다. 적막한 바다와 툰드라 지역의 높은 산, 그 위로 북극해에서 불어오는 바람 소리만 윙윙 들리는 곳. 태양빛마저 잘 들지 않는 해안 절벽 아래 웅크리고 앉은 작은 농어촌에도 현대식 호텔과 체인점이 들어서 있었고, 주말 공연장에는 컨트리 앤드 웨스턴 음악이 흐르고 있다. 그만큼 이 나라는 경제력을 갖춘 복지국가였다.

구드방엔에서 보스를 거쳐 베르겐으로

9시 30분, 호텔을 떠나 버스로 로프투스로 향했다. 목적지인 베르겐으로 가기 위해서는 로프투스 마을을 거쳐야 했다. 어제 추운 날씨를 버티면서 배를 타고 피오르 취재에 열중했던 것이 고되었던 모양이다. 버스에 오르자마자 모두 눈을 감았다. 버스는 피오르를 끼고 굴곡진 길을 달렸다.

얼마나 시간이 흘렀을까! 시장기가 들었다. 손목시계를 봤더니, 정오가 훨씬 지나 있었다. 우리는 간단한 요기와 차를 마시기 위해 도로 변에 있는 작은 카페에 들렀다. 카페 안은 커다란 무쇠 난로에 장작불이 타고 있었다. 실내에는 손님맞이 테이블이 대여섯 개가 놓인 그리 크지 않은 공간이었는데, 손님이 없어 모든 테이블이 텅 비어 있었다. 프런트에는 주인인 듯한 수더분한 40대 여자 한 분이 손님맞이 인사를 건네었다.

"아! 난롯불 좋다."

일행은 춥기도 하고 피곤하기도 해 의자를 끌고 와 난로 주위에 앉았다. 손님용 테이블이 있는 실내 중앙에 주황색 그랜드피아노가 놓여 있었다. J 기자가 피아노를 보더니 한번 쳐도 되느냐고 주인에게 묻자, 중년의 여주인이 흔쾌히 승낙했다. J 기자는 손가락을 한두 번 쥐었다 폈다 하더니, 이태리 민요 〈오 솔레미오(O sole mio)〉를 원어로 부르며 멋지게 피아노 건반을 두드리는 것이 아닌

로프투스로 가는 도중에 본 예쁘게 만든 벽보판과 노천카페

Che bella cosa e' na jurnata 'e sole,
n'aria serena doppo na tempesta!
Pe' ll'aria fresca pare già na festa
Che bella cosa e' na jurnata 'e sole~

〈오 솔레미오〉는 이탈리아 칸초네의 나폴리 민요이다. 이 곡은 가사처럼 나폴리의 밝은 태양을 주제로 한 것 같지만, 사실은 사랑하는 여인을 찬미한 노래로 이탈리아를 대표하는 세계적인 명곡이다.

1898년 4월, 이 곡을 작곡한 에두아르도 디 카푸아(Eduardo Di Capua)는 바이올리니스트인 아버지와 함께 흑해 연안을 여행하고 있었다. 그는 묵고 있는 호텔 방으로 어스름히 비치는 봄 햇살을 보고 이 곡을 작곡했다. 그리고 시인인 조반니 카푸로(Giovanni Capurro)가 건네준 시 〈폭풍우 지난 후 빛나는 태양보다도 더 찬란한 나의 태양이 사랑하는 너의 이마에 빛나다〉를 가사로 붙였다. 〈오 솔레미오〉라는 곡명은 표준 이탈리아어로 말하면 '일 미오 솔레'다. 여기에 나오는 '오(O)'는 감탄사가 아니라 나폴리 방언의 남성 정관사다. '오 솔레미오'의 정확한 번역은 '오, 나의 태양'이 아니라 그

카페의 여주인이 지켜보는 가운데 J 기자가
피아노를 연주하고 있다.

냥 '나의 태양'이다. 또 하나 우리가 바로 알아야 할 것은 이 노래를 작곡한 곳이 지중해의 밝은 햇살이 가득히 쏟아지는 나폴리가 아니라 우크라이나의 남쪽 흑해 연안 오데사(Odessa)라는 사실이다.

1927년, 카푸아는 노름으로 얼마 안 되는 재산을 모두 날린다. 그리고 62세의 나이로 허름한 서민 병원에서 쓸쓸히 숨을 거둔다. 그때 그가 그 유명한 〈오 솔레미오〉의 작곡가였다는 것을 아는 사람은 아무도 없었다.

연주가 끝나자 우리는 모두 일어서서 "브라보!"를 연발했다.

"아니, J 기자에게 저런 멋진 솜씨가 있었던가?"

주인 여자까지 일어서서 앙코르를 청했기에 J 기자는 수줍은 듯 으스대며 이태리 민요 〈산타 루치아〉를 또 연주했다.

이때 일행 중 누군가 말했다.

"이럴 때는 필 맥주라도 한 잔씩 마셔야 제격이 아닌가요?"

그러자 금발의 주인이 성큼 나서더니 멀리 한국에서 온 우리에게 맥주를 한 잔씩 선사하겠다고 했다.

"오, 감사합니다!"

우리는 여주인을 향해서도 박수를 보냈다.

"짝짝짝 짝 짝! 대한민국~!"

J 기자의 노래와 피아노 연주를 듣고 난 일행의 얼굴에는 피로한 기색이 사라지고 화색이 돌았다. 물론 맥주 한 잔의 효과도 있었다.

"역시 음악은 사람을 즐겁게 하는 마술을 지녔단 말이야."

우리는 카페를 떠나 하르당게르 피오르를 돌고, 로프투스에 있는 울렌스방 호텔에 도착했다. 그때가 오후 5시경이었다. 그러니까 출발로부터 7시간 넘게 버스로 이동한 셈이다. 우리 일행은 울렌스방 호텔에서 하룻밤을 쉬기로 되어 있었다.

울렌스방 호텔은 1846년에 개업한 호텔이었다. 건물은 그리 크지 않았다. 하지만 황혼을 받아 황금색으로 변한 설산이 피오르 깊은 물에 자맥질하는 노르웨이의 진풍경을 가장 아름답게 볼 수 있는 호텔로 노르웨이에서 이름이 나 있었다. 세계적인 음악가인 에드바르 그리그도 그의 가족과 함께 자주 쉬러 왔다고 한다. 5대를 이어 운영하는 울렌스방 호텔은 165년 전 개업 당시 건물의 일부를 아직 그대로 보존하고 있었으며, 호텔 로비에는 100년에서 160년 가까이 묵은 고가구들을 전시해 두고 있었다. 백색 칠을 한 벽에는 빌리 브란트, 헨리 키신저, 인디라 간디 등 이곳을 찾은 세계적인 명사들의 사진이 걸려 있어 이 호텔의 품격을 말해 주고 있었다.

50 중반이 넘어 보이는 호텔 사장은 말쑥한 정장 차림이었다. 그는 한국에서 온 기자들이 묵는다는 것을 알고 직접 우리 일행에게

울렌스방 호텔에서 본 피오르. 피오르를 에워싼 설산에 아침 해가 비추면 황금색으로 변한 물그림자가 장관이다.

호텔의 역사를 들려주었다.

"한국은 참 아름다운 나라였습니다. 사람들도 친절했습니다. 김치, 불고기도 맛이 좋았습니다."

그는 자신도 한국에 두 번이나 다녀왔다며 서툰 우리말로 김치, 불고기라고 말하고 크게 웃었다. 나는 그의 친절한 매너도 좋았지만, 비록 발음은 서툴러도 '김치, 불고기'라고 우리말을 하는 것에 감탄하여 그에게 박수와 함께 환호성을 보냈다. 그리고 우리나라의 위상이 여기에도 발휘되고 있음을 느꼈다.

"하느님! 감사합니다. 그리고 사장님에게도 감사드립니다."

그도 우리에게 몇 번이나 고개를 숙이며 감사의 인사를 했다.

"오! 사랑하는 나의 조국, 대한민국. 한때는 핍박과 설움의 세월이 있었지만 이젠 지구 어느 곳에서도 자랑할 수 있는 내 나라 대한민국이 아니냐.”

어둠이 피는 호텔 주위에 피오르를 앞에 둔 겹겹의 산이 거대한 짐승의 등뼈처럼 굽이치고 있었다. 산기슭에 들어선 작고 빨간 주택들로부터 어둠에 적셔진 등불 빛이 물그림자가 되었다. 불빛은 피오르에 드리워져 샹들리에처럼 찰랑거렸다. 그 모습이 유럽의 어느 한적한 마을을 그린 한 폭의 서양화 같았다. 한순간에 여행객의 마음을 평화롭게 만들어 버릴 만큼 매혹적인 울렌스방 호텔. 그림 같은 풍광에 빠져 있어도 내 가슴은 더 큰 설렘과 기대로 가득 차올랐다. 내일이면 세계적인 음악가 그리그를 만난다는 설렘이었다.

하르당게르 피오르(Hardanger Fjord)

노르웨이 남서부 호르달란(Hordaland) 주에 있는 협만. 노르웨이에서 2번째로 큰 피오르이며, 가장 경치가 아름다운 협만 가운데 하나이다. 그래서 일명 ‘송네 피오르는 왕, 하르당게르 피오르는 여왕’이라고 일컫는다. 송네 피오르가 거대하고 험준한 데 비하여, 하르당게르 피오르는 부드럽고 목가적이기 때문이다. 북해의 스토르 섬에서 내륙의 하르당게르 고원까지 북동쪽으로 113km에 걸쳐 뻗어 있으며, 가장 깊은 곳의 수심은 891km이다. 맑은 물로 이루어진 협만의 양쪽 기슭에 약 1500m까지 솟아 있는 웅장한 산맥에서는 수많은 폭포들이 있는데, 특히 뵈링스 폭포(145m)와 셰게달스 폭포가 장엄하다. 이 지역은 유명한 관광지로서 주요 역에는 호텔들이 있다. 산허리에는 과수원들이 있으며 대부분 사과나무이다. 이곳 사람들이 사이더(sider)라고 부르는 감미로운 와인도 여기에서 생산된다.

Chapter 3
브리겐의 향수가 깃든 베르겐 항

노르웨이 제2의 도시 베르겐

아침 9시에 아름답고 고풍스러운 울렌스방 호텔을 떠나 베르겐으로 향했다. 이렇게 경치가 아름다운 곳에서 하루만 더 묵고 싶다는 아쉬움이 있었다. 하지만 나의 형편은 그런 호사를 누릴 수 있는 처지가 아니었다. 6박 7일의 노르웨이 여정 중 마지막 방문지인 베르겐에 도착했을 때에는 현지 시간으로 12시 조금 지나서였다.

J 이사가 목적지인 베르겐이라고 알려 줄 때까지 귀에 꽂은 리시버에서 그리그가 작곡한 〈오제의 죽음〉이 흘러나왔다. 베르겐 항구에서 날아온 항구 특유의 물비린내가 차창으로 들어왔다. 선착장에는 흰색의 크고 작은 어선들이 3겹 4겹으로 정박되어 있었다.

베르겐은 인구 약 25만 명으로 노르웨이 서해안에 위치하고 있는 항구도시이다. 12~13세기에는 노르웨이 수도로서 그 위상을 떨쳤으나 현재는 노르웨이의 제2의 도시다. 13세기에 여러 도시들과 한자동맹을 맺고 무역을 독점해 온 베르겐은 400여 년간은 북유럽 최대의 경제도시였다. 그래서 중세에는 스칸디나비아의 무역 중심 항구도시로도 이름을 날렸다.

베르겐은 노르웨이에서 피오르 해안 관광의 출발점이 되고 있어 피오르의 진수라고 할 수 있다. 사실 피오르를 제대로 경험하려면 반드시 이곳 베르겐을 들러야 하기에 이런 이름을 얻은 것이다. '7명의 소녀들'이라 불리는 7개의 크고 작은 산과 피오르에 둘러싸인 갸름한 항구도시 베르겐. 이 도시는 화려한 자연경관과 더불어 각종 미술관과 박물관이 자리한 문화도시로도 널리 알려져 있다. 베르겐 시민들은 스스로 노르웨이인이 아닌 베르겐인이라 부르기를 원한다. 이곳 사람들은 수줍고 내성적인 노르웨이인들에 비해 밝고 외향적이다.

이때, 안내를 하던 J 이사가 베르겐 시가지와 항구는 점심을 먹고 둘러보자고 하였다. 그러자 일행 중 누군가 사정조로 외쳤다.

"기름이 잘잘 흐르는 이천 쌀밥 좀 먹게 해 줘요. 밥 없는 식사가 이젠 지겹습니다."

실은 노르웨이는 농지가 거의 없다시피 해 쌀 농사를 짓지 않는다. 그래서 쌀로 만든 음식이 거의 없다.

"베르겐에는 한국 식당이 없습니다. 대신 중국 식당으로 가서 밥을 찾아보겠습니다."

J 이사가 대답했다.

"아! 절망이다. 이럴 때 얼큰한 김칫국에다 김이 모락모락 나는 쌀밥이면 그만일 텐데……."

일행 중 제일 젊은 K기자가 웃으며 탄식에 가까운 비명을 질렀다.

일행은 항구가 보이는 허름한 중국 식당으로 들어갔다.

중국 식당 특유의 침침한 실내에 둥근 탁자 몇 개가 놓여 있었다. 음식에서 나는 누린내와 생선 비린내가 합쳐져 속이 울렁거릴 지경이었다. 우리 일행은 탁자 2개에 자리 잡았다.

J이사가 메뉴를 보더니 스팀라이스를 주문한다. 어떤 밥인지는 모르겠지만, 밥이 있다는 말만 들어도 반가웠다.

식사가 나오려면 시간이 좀 걸린다고 한다. 밥을 먹을 수 있다 했으니 기다리는 것 이외 다른 방법이 없지 않은가. 한시가 급한 밥인데 중국인 특유의 만만디는 이곳에서도 발휘됐다. 거의 1시간을 기다린 후에야 식사가 나왔다.

그런데 내다 놓은 식사를 보더니 모두 눈이 휘둥그레졌다. 생선 살을 두들겨 만든 어묵이 둥둥 뜬 수프와 바람이 불면 훌훌 날아 갈 것 같은 찰기 없는 볶음밥, 그것도 바가지 같은 그릇에 고봉으로 내놓는 것이 아닌가. 요리사에게 물어보았더니 일행이 다 같이 먹으란다. 음식 값도 우리나라에 비해 엄청나게 비쌌다. 모두 식탁 위에 올린 음식을 한참 보더니 끝내 으하하 웃음을 터트렸다.

"으아, 우리 쌀밥과 시뻘건 고춧가루가 묻은 김치가 이렇게 그리울 줄이야."

K 기자가 눈살을 찌푸리며 익살을 떨었다.

점심 식사 후, 시내 중심가에 있는 베르겐 광장을 찾았다. 광장은 넓지 않았지만 광장 중앙에 많은 조각품들이 있었다. 시민들이 앉아 쉴 수 있도록 장의자도 여럿 놓여 있었다. 마침 날이 맑아 광장은 사람으로 붐볐다. 일조량이 모자라는 이곳 사람들은 햇볕이 좋은 날은 남녀노소 할 것 없이 광장에 나와 햇볕을 쬐기 때문이다. 나이든 사람은 나이든 대로 지난날의 영화로웠던 추억을 생각하고, 젊은이들은 그들대로 포옹하고 사랑을 속삭인다. 사람이 많은 광장에서 키스하고 포옹하는 젊은이들이 여기저기 보였다. 어느 노부부는 손을 꼭 잡고 멀리 보이는 플뢰이엔 언덕에 시선을 얹

노르웨이 제2의 도시 베르겐 항구

어 놓았고, 어떤 젊은 남녀의 입맞춤은 끝이 없었다.

거리에는 젊은 열기가 태양처럼 가득했다. 짙은 남색 세일러 복장을 한 학생 악대가 드럼 소리 요란하게 줄을 지어 걸어갔다. 오슬로와 베르겐 두 도시 학생들의 친교 행사란다. 그들만의 자유스러움, 북유럽의 자유분방한 삶이 저런 것이다.

베르겐에 사는 어느 여성 저널리스트는 이렇게 말했다.

"베르겐은 하나의 커뮤니티입니다. 거리를 걷고 있으면 모든 사람들이 저를 알고 있고 저도 그들을 알고 있는 듯합니다. 또 이곳 사람들은 다른 나라에서 온 사람들을 거부하지 않아요. 그보다도 서로 함께하면 새로운 것이 가능하다는 오픈마인드를 가지고 있습니다."

또 다른 베르겐의 음악 프로듀서는 말했다.

"베르겐을 북유럽의 리버풀(liverpool, 영국 제2의 항구도시)이라고 말하는 사람들도 있습니다. 서로 같은 항구도시이며, 새로운 음악이나 밴드를 배출합니다. 서로 교류도 왕성하게 하고 있지요. 리버풀은 영국의 베르겐이라고도 하는 사람들도 있으니까요."

위의 두 말은 노르웨이 관광 홍보지에 나온 글귀를 인용했지만, 베르겐은 다른 유럽 도시와는 또 다른 사람들의 작은 독립국 같은 느낌을 들게 했다.

600년의 역사를 간직한 브리겐

햇빛이 화려한 항구의 오후. U자형으로 깊게 파인 항구에는 어선, 상선, 요트 같은 다양한 선박들이 어깨를 엮고 정박해 있었다.

나는 베르겐에서 가장 눈에 띄는 브리겐(Bryggen)을 찾았다. 항구 왼편 길가에 주홍색, 황색, 백색을 칠한 ∧자형 삼각 지붕을 한 목조 주택이 눈에 들어왔다. 모두 18채였다. 직선으로 정렬해 있는 이 집들은 하나같이 1층에는 높고 커다란 출입문이 있었다. 2층과 3층에는 작은 직사각형 창문을 각 층마다 3개씩 만들어 놓았다. 이 건축물들이 1979년 유네스코 세계유산으로 지정된 브리겐이다.

브리겐은 독일이 400년 동안 무역을 독점할 당시 한자동맹 측이 파견한 무역 담당관의 숙소 겸 수산물 가공 공장이었다. 그러나 현존하고 있는 건물은 안타깝게도 1700년대 화재로 소실되었다가 복원되었다. 하지만 복원된 건물마저 1944년에 부두에 정박한 배에 실려 있던 다이너마이트가 폭발해 파괴되고 말았다. 그리고 그 자리에 다시 복원되었다.

오래된 건물이라 육안으로 보아도 제법 기울어진 것도 있었다. 건물 외부마다 달리 칠해진 원색의 조화에서는 600년의 역사를 간직한 중세 유럽의 고풍미가 물씬 풍겨 나왔다. 풍요로웠던 지난 역사를 재현하는 듯했다. 현재 이 건물들은 박물관과 레스토랑, 선물가게 등으로 이용되고 있었다.

햇볕이 좋은 날 아이 엄마들이 아기들에게
일광욕을 시키고 있다.

브리겐의 좁은 골목길을 들어섰다. 이곳 사람들의 삶과 그들의 정서를 담아 보고 싶었다. 두 사람이 겨우 비켜설 듯 목조 주택 벽면을 부딪치고 있는 좁은 골목길에 하얀 햇살이 작살처럼 꽂히고 있었다. 어느 집 3층에 제법 큰 쇠갈고리가 달린 로프가 창가에 드리워져 있었다. 갈고리가 달린 로프는 생선 같은 일상품을 아래층에서 위층으로 올릴 때 쓰는 도구라고 한다. 플라스크가 낡고 둥근 가로등이 오래된 영화에서 보는 골목길처럼 정다운 낭만을 품고 여기저기 서 있었다.

어느 골목 양지 바른 곳에 젊은 여자 셋이 저마다 갓난아기를 안고 장의자에 앉아 있었다. 어린 아기에게 일광욕을 시키는 것이다. 엄마들은 다정하게 무어라 중얼거렸다. 또 어느 처마 밑에서는 나이든 남녀가 한가롭게 맥주를 홀짝였다. 맥주 맛도 좋겠지만 좋은 햇살과 함께 담소를 즐기는 망중한의 맛이 더 좋을 것 같았다. 창이 열린 2층 방 창가에 놓인 화병에 이름 모를 노란 꽃이 꽂혀 있고 그 옆에 작은 촛불 하나가 가물거리고 있다. 아! 이 모습들은 맑은 날 햇빛 같은 노란 평화였다. 100~800년 전에 준공된 교회, 성채 박물관, 극장, 예술가들의 스튜디오 등으로 사용되는 옛 건물들이 그대로 보존되고 있었다. 그래서 북유럽 사람들의 삶을 고스란히 엿볼 수 있었다. 이것이 바로 베르겐 여행에서 내가 찾던 것들이었다.

곡예를 하듯 이어진 브리겐 뒷골목을 시간 가는 줄 모르고 돌아다니다 오후 8시가 가까워서야 정해진 호텔 방으로 들어갔다. 밤이 깊어 갈수록 내일 그리그의 생가와 그를 만날 수 있다는 기대감이 솟구쳐 올랐다. 잠이 쉬이 오지 않았다.

베르겐의 밤거리는 젊은이들로 북적거렸다. 자정이 넘었는데도 뒷길에서 왁자지껄 떠드는 소리가 호텔 방까지 들렸다. 소리가 아니라 소음 짙은 고성방가였다.

베르겐의 밤은 젊은 남녀들의 고성과 흐느적거리는 몸놀림으로 흘러가는 것 같았다. 담배꽁초와 빈 맥주병이 널려 있는 골목에는 술 취한 남녀들로 비틀거렸다. 이곳 젊은이들은 마약에도 접근되어 있는 것 같았다. 눈동자가 흐트러진 남녀 몇 명이 길 한복판에 주저앉았다. 그들끼리 머리를 맞대고 혀 꼬부라진 소리로 중얼거렸다. 다른 남녀 한 쌍은 아예 도로가 자기 집 안방인 양 꼭 껴안고 누워 버렸다. 여자는 치마가 올라가 허벅지를 드러내 놓았고, 남자의 팔은 여자의 목을 칭칭 감고 있었다.

나중에 안내자에게 물어보니, 노르웨이 정부에서도 10대 청소년의 흡연과 음주, 약물 복용은 꽤 신경을 쓰는 대목이란다. 노르웨이 정부의 조사에 따르면, 흡연과 음주를 하는 청소년이 절반이 넘는다고 한다. 그중 절반 정도가 약물을 경험하고 있다고 한다. 오슬로에서 실시한 임의 추출 조사에 따르면 10대 청소년 5명 중 1명은 대마초를 경험한 적이 있고, 처음 대마초를 접한 나이는 13~14세였다고 발표했다.

노르웨이 사람들의 섹스 관념도 자유롭다고 한다. 아버지, 어머니와 아들과 아들의 여자친구, 장성한 자식들과 함께 섹스 영화를 관람하기도 한다고 어느 잡지에서 본 기억이 난다. 청소년들의 남녀관계에서도 비교적 개방적이다. 양측 모두 동의하면 하룻밤 정사는 이루어진다는 거다. 또 그것이 크게 이슈가 되는 사회가 아니라는 거다. 그러나 일단 남녀가 결혼을 하고 나면 양측 모두에게 엄격해진다. 만약에 기혼 남녀 어느 쪽이든 바람을 피우면 이혼 구실이 된다. 이혼이 되면 이혼을 당한 측에서 위자료와 자식 양육비 등을 책임져야 하는 것이 법에 명시되어 있다.

10대 자녀를 포함한 가족이 오슬로나 베르겐 지역을 여행한다면 이런 정보는 미리 알고 가는 것이 좋겠다. 그러나 이런 문제들은 노르웨이 정부의 지속적인 정책과 국민들의 자정 노력으로 많이 좋아지고 있다고 한다.

생선처럼 팔딱이는 베르겐 어시장

얼마나 눈을 부쳤는지는 모르겠다. 창문이 훤한 것을 보니 동이 트나 보다. 옷을 주섬주섬 집어 입고 카메라를 어깨에 걸치고 항구 쪽으로 나갔다. 지난밤에 그렇게도 북적거리던 광란은 자취를 감추었다. 여기저기 피우고 마시고 던져 버린 담배꽁초와 빈 맥주 깡통만 혼잡했던 지난밤의 흔적으로 남아 있었다. 항구를 에워싼 거리의 가로등이 하얗게 야윈 환자처럼 몸값을 잃어 가고 있었다. 그것은 마치 멀리 떠나는 나그네의 뒷모습처럼 쓸쓸했다. 어릴 때 순진함을 지나 젊음의 혈기가 있고, 나이 들어 허리 휜 모습으로 먼 이별의 길을 가야 하는 인간 세상과 어쩌면 힘을 잃어 가는 가로등 불빛과는 동질성이 있을 것 같았다.

"흔히 있는 것에도 철학은 존재하는 것이야. 그래도 인공 불빛이 태양을 이길 수는 없지."

나는 고즈넉한 아침 산책을 즐기며 중얼거렸다.

여명 속의 항구는 해일이 앗아 간 뒤끝처럼 정적으로 덮여 있었다. 더디게 차곡차곡 오는 북구의 봄기운, 항구 베르겐의 태동은 먼 바다에서 스며드는 시퍼런 광선으로부터 조용히 막을 열고 있었다. 인공 불빛이 드리워진 항구에는 빽빽이 줄지은 요트 돛대가 잿빛 하늘을 찔렀다. 몸통이 괭이만큼이나 큰 갈매기가 육중하게 정박한 범선을 돌아 오래된 목조 건물 위에 날개를 편다. 어쩌

새벽녘의 브리겐. 정적이 깃든 브리겐의 여명은 먼 바다에서부터 스며들었다.

면 베르겐의 태동은 갈매기 날개에 실려 온 조용한 환호로 시작되는 것인지도 모른다.

항구 너머에서 붉은 해가 떠올랐다. 역사의 시간은 흐르고 또 새로운 역사가 밀려오는 순간, 우주의 섭리를 거역할 자는 아무도 없다. 아직은 냉기가 도는 태양이 줄지어 정박한 요트 브리지에 번뜩일 때 베르겐은 펄펄 뛰는 생선처럼 또 다른 생기가 돌았다.

노르웨이 지형은 대체로 산이 높고 해안선은 길다. 사람들은 해안을 따라 길고 좁게 이루어진 경작지로는 먹고살기가 어려웠다. 때문에 또 하나의 방법으로 바다를 택했다. 지금도 바다에 인접한 도시 주민들의 대부분은 고기잡이가 주요 수입원이다. 특히 이곳 베르겐은 노르웨이의 주된 수산물 생산지였다. 어획 어류는 대구, 청어, 송어, 연어, 고등어 등이다. 현대에 들어서는 어업이 관광 자원으로도 이용되고 있다. 가을 성어기에는 베르겐 앞바다에서 청어가 잡히는데 청어를 잡는 어선들이 켜 놓은 불야성 같은 어로 등(燈) 불빛을 보기 위해 매년 수십만 명이 이곳을 찾는다. 바다의 은어라고 불리는 청어는 떼를 지어 돌아다닌다. 금방 여기에서 나타났다가 사라지고 다른 곳에서 나타나곤 하기 때문에 이를 쫓는 배들이 이리 몰리고 저리 몰리는 광경이 장관이라고 한다.

청어는 많이 잡힐 때 자반 같은 저장 식품으로 가공되어 이곳 사람들이 흔히 먹는 식사 대용품이 된다. 청어를 원료로 한 저장 식품의 종류는 다양한데, 그중 포도주, 딜(허브의 일종), 토마토 같은 상큼한 소스를 써서 만든 통조림 맛은 일품이다. 또 이를 이용한 의약품도 생산한다. 혈액 순환 개선에 도움을 주는 건강 보조 식품 '오메가 3'는 노르웨이산 청어를 비롯한 등푸른생선의 추출 물로 만든 것이 최고품이라 하여 이곳을 찾는 관광객들은 몇 통씩 사 간다.

중세부터 베르겐 항에 어획량이 많아짐에 따라 이를 팔기 위해 부두를 따라 어시장이 형성되었다. 또 시간이 흐르며 어시장은 번창해 나갔다. 지금도 그 어시장에는 잡힌 생선 그대로나, 머리와 내장을 손질해 놓은 것, 냉동품, 막 삶아 건진 어육, 자반, 훈제,

꾸들꾸들 말린 것, 소금에 절여 말린 것, 식초나 포도주 같은 향신료에 절인 것 등 우리가 보아 왔던 다양한 식품들이 즐비하게 진열되어 손님을 기다리고 있었다.

베르겐에는 뭐니 뭐니 해도 매일 오전에 서는 항구 앞 어시장의 활기찬 모습이 이 도시의 힘을 대변하는 듯했다. 어시장은 베르겐을 찾는 관광객이 꼭 들르는 관광 코스이다.

나는 어선 정박장을 옆에 둔 어시장을 취재키 위해 시장 입구에 들어섰다. 어시장 입구의 작은 광장에는 낯선 풍경이 펼쳐지고 있었다. 머리를 길게 하고 흰색 바지와 재킷을 입은 엘비스 프레슬리 차림의 한 젊은 남자가 다리를 반쯤이나 벌리고 머리를 마구 흔들며 프레슬리의 노래와 몸짓을 흉내 내었다. 결혼하는 친구를 위한 의식이라고 했다. 우리 일행인 J 이사가 앞을 나서더니 그와 손을 잡고 한바탕 돌아가는 호흡을 맞추었다. 주위에 모인 결혼식 하객들이 좋아라 손뼉을 쳤다. 서양 남자와 동양 여자가 다른 사람 결혼을 축하하는 다소 생소한 의식이었다.

"우와 J 이사 멋진데, 서울 같으면 어림도 없지?"

실제로 J 이사는 자그마한 체구에 얌전하게 생긴 얼굴인데 이렇게 용감한 끼를 가지고 있는 줄은 정말 몰랐다.

"사람 외모만 보고는 정말 몰라. 허허……."

어디선가 어시장 특유의 역한 비린내가 이국인의 발길을 멈추게 했다. 크기가 만만찮은 머리 잘린 대구, 연어, 크릴새우, 팔뚝

베르겐 어시장. 이 어시장은 이 도시의 명물이다.　　　　베르겐 광장의 관광객들

보다 더 굵은 바닷가재, 킹크랩 등 싱싱한 해산물과 채소, 과일 등이 즉석에 판매되고 있었다. 어떤 곳에는 손질이 된 내장과 뼈가 장만되어 있었고, 즉석에서 만든 훈제 연어나, 찜 솥에서 금방 나온 김 오르는 바닷가재, 새우, 대구 같은 해산물 요리를 먹는 사람들이 저마다 입맛을 다셨다. 베르겐 어시장은 항상 여행객들로 붐빈다고 한다. 그 때문인지 이곳 어시장에서는 20여 개국 언어가 통용되고 있었다.

　베르겐 사람에게 "베르겐에서 꼭 추천하는 관광지가 어디냐?"라고 물으면 "어시장에 가세요. 거기서 펄펄 뛰는 새우와 훈제 연어로 만든 즉석 샌드위치와 와인을 먼저 사세요."라고 할 정도란다. 그만큼 베르겐 어시장은 이곳을 방문하는 여행객들의 먹을거리 생산지로도 이름나 있다. 바다란 식량의 보고라 했는데 이곳 어시장의 활기찬 모습을 보면 그런 뜻을 실감케 했다.

Chapter 4
노르웨이의 작은 거인 그리그

그리그의 생가와 시극 페르귄트

우리는 어시장을 떠나 버스에 올랐다. 노르웨이 출신인 세계적인 음악가 그리그의 생가를 방문하기 위해서였다. 그리그의 생가는 내가 이번 여행 중 가장 중점을 두고 온 목적지였다. 베르겐에 도착하여 하룻밤을 동경 속에 보내고 이제야 그리그를 만나러 간다. 가슴에 율려(律呂)가 생겨 깊은 숨을 몇 번이나 들이켰다. 그리그가 작곡한 〈페르귄트 조곡〉이 담긴 리시버를 귀에 꽂았다.

내가 이곳을 찾기 위해 노력해 온 것에는 작은 이유가 있었다. 한참 이성에 관심을 가질 고등학교 시절이었다. 바다가 보이는 창문을 열고 아그리파 데생을 하던 단발머리 여학생이 생각날 땐 그리그의 〈페르귄트 조곡〉 중 〈아침의 기분〉을 듣곤 했다.

이 곡을 작곡한 그리그는 키 153cm의 단신인 것이 콤플렉스로 작용했기 때문에 키가 크고 잘생긴 남성상을 동경했다. 나 또한 키에 대한 콤플렉스가 있었기에 그리그와 나는 동질성이 있었다.

만약 그때 내가 소설가였다면 근사하게 생긴 남자를 주인공으로 하는 해피엔딩 글을 썼을 것이다. 이런 동질성의 장본인을 찾아 한국에서 오슬로로, 오슬로에서 기차, 버스, 크루즈를 번갈아 타며 베르겐까지 온 것인지도 모른다.

버스에서 내려 그리그 생가로 가는 길은 완만한 언덕길이었다. 아름드리나무가 일렬로 선 길을 따라 얼마만큼 올랐을까. 그리그의 조곡 〈오제의 죽음〉의 엷은 바이올린 선율이 스피커를 통해 흘러 가슴에 차곡차곡 내려앉았다.

굴곡진 피오르가 유난히 맑게 보이는 언덕 위에 빅토리아풍의 하얀 목조건물이 나타났다. '트롤하우겐(Troldhaugen, 요정이 사는 언덕)'이라 불리는 그리그 생가였다. 사방이 확 트인 바다에 원근이 뚜렷한 작은 섬들이 오밀조밀 보이는 곳. 먼 하늘에 황혼이 깃들면 눈에 보이는 모든 것들이 황금으로 변한다는 곳, 트롤하우겐. 그리그는 소프라노 가수인 아내 니나와 함께 이곳에서 여생을 보냈다.

그리그의 작업실은 바다 쪽으로 삐죽 나간 바위 위에 조용히 앉은 오두막이었다. 창문 너머로 굴곡진 피오르가 훤히 보이고, 하늘 높이 치솟은 억센 산줄기들이 때로는 무겁고 때로는 가벼운 음율 같았다. 작업실 안에 주인 없는 피아노 1대가 덩그러니 앉아 있었다. 그 작은 피아노에서는 금방이라도 선율이 흐를 것 같았다. 또한 그 모습은 영원히 곁을 떠난 주인 그리그를 외롭게 기다리고 있는 듯했다. 작업실 주변에는 작은 오솔길이 이어져 있었고, 길

그리그 박물관. 수많은 여행객이 이곳을 방문한다.

언저리에는 노란 수선화들이 아직 추위가 덜 가신 바닷바람에 부들부들 떨고 있었다.

"바람은 찬데 꽃은 피었구나!"

수선화라는 것이 한기가 덜 가신 바람 속에서 피는 꽃이기에 더 아름답게 느껴지는 것이 아니던가. 사람도 역경 속에서 피는 사랑이 더욱 아름다운 것처럼.

나는 멀리서 다가오는 장엄하고 활달한 산줄기를 보며 천천히 거닐었다. 그리그가 사랑한 조국 노르웨이가 있고, 그가 사랑한 조국의 피오르가 품 안에 있는 곳. 그와 그의 음악을 사랑한 아내, 그리고 국민들이 있는 베르겐. 전원적이고 낭만적인 자연에 둘러싸인 작고 아담한 그의 생가. 숲 속으로 이어진 좁은 오솔길을 걸으며 〈오제의 죽음〉을 완성한 그리그의 모습을 상상했다. 나는 그때서야 그가 《페르귄트 모음곡》을 어떻게 썼는지 조금은 이해할 수 있었다.

청마 유치환 선생은 '통영 앞바다의 아름다움이 없었다면 시인이 될 수 없었다.'고 했다. 인간은 환경이 만들어 낸다고 한 어느

트롤하우겐 언덕에 있는 그리그 생가의 푯말과 그리그 박물관

철학자의 말을 빌리면, 이런 아름답고 낭만적인 환경이 그리그에게 불후의 악상을 떠오르도록 하였는지도 모른다.

　그리그의 생가 옆에 그가 작곡에만 전념코자 지은 작은 통나무집과 연주회장, 그리고 그가 남긴 유품을 전시해 놓은 박물관이 있었다. 박물관에는 그와 그의 아내가 함께 있는 흑백사진이 벽에 걸려 있었다. 작은 미소를 입술에 담은 니나의 표정에서 그들의 행복했던 젊은 시절을 읽을 수 있었다. 바닷가 작업실로 내려가는 길가에 콘서트홀이, 그 옆에는 그리그 동상이 서 있었다. 동상도 머리가 헝클어진 모양에 키 153cm의 실물 크기 그대로였다.

　노르웨이의 작은 거인 그리그. 그는 조국 노르웨이와 피오르를 지독히 사랑한 애국자였다. 그는 죽음을 앞에 두고 조국의 아름다운 피오르가 훤히 보이는 곳에 묻어 달라는 유언을 했다. 생가가 있는 언덕 해안가에 그와 그의 아내 니나의 무덤이 매달리

듯 누워 있었다. 그들은 죽어서도 조국의 아름다움을 보고 있는 것이다.

해안가에 머리가 백발인 할머니 두 분이 장의자에 앉아 있었다. 조용하고 먼 바다에 막 드리워질 황혼을 기다리고 있는 듯했다. 어쩌면 그들은 황혼을 기다리는 것이 아니라 이 세상의 긴 시간과 이별 연습을 하고 있는 것일지도 모른다.

그리그는 살아 있다

에드바르 그리그. 그는 1843년 6월 15일 베르겐에서 스코틀랜드계 아버지와 노르웨이인 어머니 사이에서 태어났다. 그의 어머니는 재능 있는 피아니스트로, 6살인 그리그에게 피아노와 악보 읽는 법을 직접 가르쳤다. 또 그리그를 위해 매주 집에서 음악회를 열었다. 그런 음악회가 그리그에게는 고전음악과 친숙해지는 결정적인 역할을 했다. 특히 어머니가 좋아하는 모차르트와 바흐 음악에 심취할 수 있었다. 그리그는 그때부터 어떻게 하면 피아노로 환상적인 소리를 만들어 낼 수 있을지를 연구하기 시작했다.

수년 후 그는 친구에게 다음과 같은 편지를 보냈다.

"경이롭고 신비로운 만족감……. 9화음을 찾아내면서 내가 만끽했던 환희……. 나는 너무도 기뻤다. 대성공이었다. 그때 이후 어떤 것도 날 그만큼 흥분시키지는 못했다.”

15살 때 노르웨이의 유명한 바이올리니스트인 올레 불(Ole Bull)을 만났다. 올레 불은 그리그가 12살 때 작곡한 주제의 변주를 듣고 그를 라이프치히 음악원에 입학시켰다.

이 음악원은 멘델스존이 설립한 학원으로 전통적인 독일 낭만파 음악을 가르쳤다. 그러나 음악원에서의 그리그의 생활은 평탄하지 않았다. 엄격한 규칙의 화성법

생전에 그리그가 사용했던 피아노

을 공부하는 것이 싫었기 때문이다. 그뿐만 아니라 건강 악화로 인한 향수병에 시달리기도 했다. 그럼에도 불구하고 바흐와 모차르트 작품에 심취하여 끝내는 우수한 성적으로 졸업했다. 그 후 라이프치히 음악원에서 얻은 폐질환의 악화로 그리그는 고향으로 돌아왔다. 그리고 자신의 성향을 살려 작곡 일을 계속했다.

1864년 노르웨이 작곡가 R. 노르드라크의 영향을 크게 받고 유럽 등지에서 연주를 해 좋은 평을 받기도 했다. 그로부터 3년 후인 1867년에 자신의 서정적인 작품집 Op. 12 중 제 1권과 바이올린과

피아노 위한 소나타를 출간했다. 1871년 크리스티아나(현재의 오슬로)에 음악협회를 설립하고, 지휘자로서도 크게 두각을 나타냈다. 그의 사촌 누이 소프라노 가수 니나 하게루프(Nine Hagerrup)와 결혼하였다. 그리그는 니나 하게루프의 아름다운 목소리에 걸맞은 노래를 많이 작곡했다. 종종 공연장에 함께 나타나는 모습을 보이기도 했다. 그의 명성이 유럽 전역에 높아지자 1869년 그가 31살 때 정부로부터 종신연금 지불이 결정되었다. 이후 그는 경제적인 여유를 갖고 음악 활동에 전념했다.

역사상에 이름난 예술가들의 생애를 보면 낙담과 좌절의 시기가 있듯이 그리그에게도 낙담과 무력감으로 괴로웠던 시기가 있었다. 그의 친구에게 보낸 편지에는 건강과 노스탤지어에 시달리듯 하소연이 가득 차 있다.

"나는 살고 또 살아간다네, 나의 조국 노르웨이를 그리워하며……. 나는 이전 어느 때보다 더 내 고향의 풍경에서 구원을 얻으려 하고 있다네. 누구도 이해 못하는 뭔가가 내 마음속에 간직되어 있기 때문이지."

그러나 그럴 때마다 그가 좋아한 노르웨이 피오르를 여행하며 창조적인 영감으로 새로운 작품을 홍수처럼 쏟아 내곤 했다. 그는 그런 불굴의 힘은 어머니로부터 물려받은 유산이라고 했다.

그리그는 한 인터뷰에서 자신의 음악 스타일에 대해 다음과 같이 말했다.

"바흐나 베토벤 같은 예술가들은 고품격의 교회와 사원을 지었습니다. 나는 내 이웃들에게 편안하게 쉬고, 행복하게 살 수 있는 집을 지어 주고 싶습니다. 다른 말로 하자면 나는 조국의 민속음악을 잘 정리해 보고 싶습니다. 저는 스타일이나 형식면에서 슈만 학파의 독일 낭만주의자입니다. 그러나 동시에 저는 조국의 보물 같은 민속음악을 탐구해 왔고 아직 아무도 손대지 않는 노르웨이의 정신적 유산을 민속적인 예술로 재창조하려고 노력했습니다."

그리그는 점점 유명해졌다. 유럽, 영국, 스칸디나비아 여러 국가들의 국왕들 앞에서까지 연주하게 되었다. 런던에서는 그의 공연을 보려는 사람이 몇 시간 동안 줄을 서서 기다리기도 했다. 프랑스 작곡가 포레(Fauré)는 1899년 파리에서 있었던 공연에 대해 다음과 같이 비평했다.

"노르웨이에서 그리그만 한 음악가는 없다. 또 그의 작품만큼 인간의 혼을 일깨우는 작품도 없다. 게다가 그의 작품은 너무도 매력이 있고 섬세하고 호기심을 끌며 개성이 넘치고 또 연주하기도 쉽다."

그리그는 성 올라브 대십자 훈장, 프랑스 레지옹 도뇌르 훈장, 2개의 네덜란드 훈장을 받았다. 프랑스 명예회원, 레이던과 베를린 아카데미 회원으로도 위촉되었다. 캠브리지와 옥스퍼드에서는 음악박사 학위를 받는 등 수많은 영예를 누렸다. 하지만 이런 것들을 전혀 과시하지 않았다는 사실에서 우리는 그의 겸손함을 짐작할 수 있다. 1907년 9월 4일 그는 이 세상을 이별하고 영면의 세계로 떠났다. 그가 죽은 후에 그에게는 '북극의 쇼팽'이라는 영예가 주어졌다.

그리그의 작품으로는 1867년에서 1901년 사이에 쓰인 서정적인 작품집(Lyric Pieces) 10권 외에도 수많은 피아노곡, 오케스트라곡, 합창곡, 앙상블곡, 성악곡, 자신의 오케스트라곡을 피아노용으로 편곡한 곡, 자신의 피아노곡을 오케스트라곡으로 편곡한 곡 등이 있다. 대작 중에는 〈피아노와 관현악을 위한 협주곡〉, 〈가을에〉, 〈노르웨이 무곡〉 등이 있으며, 특히 a단조의 피아노 협주곡(op.16)과 오케스트라를 위한 《페르귄트 모음곡》은 세상에 널리 알려진 곡이다. 그의 대표작 〈페르귄트〉는 노르웨이의 세계적 극작가 헨리크 입센(1828~1906)이 1867년 출간한 시극 작품으로 그리그가 곡을 달았다. 시극의 내용을 잠깐 살펴보자.

페르귄트 시극의 1막에는 주인공 페르귄트가 어려서 아버지를 잃고 편모 오제의 외아들로 자랐다. 그는 자식으로서 몰락한 가운을 일으킬 생각은 하지 않고 허황된 공상에만 사로잡혀 있었다. 어느 날 마을 결혼식에 간다. 그는 사랑하는 연인 솔베이그가 있음에도 불구하고, 다른 남자의 신부 잉그리드를 빼앗아 산속으로 달아난다.

제2막은 자기를 사랑한 여인 솔베이그를 버리고 도망하지만 그들은 곧 실증을 느껴 헤어졌다. 그 후 산속을 헤매다가 마왕의 딸을 만나 향락의 시간을 보낸다. 마왕이 페르귄트에게 딸과의 결혼을 강요하자 그곳을 빠져나오려고 꾀를 쓴다. 하지만 이를 눈치챈 마왕은 부하 요괴를 시켜 그를 죽이려 한다. 그때 아침을 알리는 교회의 종소리가 들리고 마왕의 궁

그리그 실물 크기의 동상. 작업실을 내려가는 입구에 서 있다.

그리그와 그의 아내 리나의 무덤. 죽어서도 조국의 피오르가 보이는 곳에 묻어 달라는 유언대로 생가가 있는 절벽에 묻었다.

전은 순식간에 무너진다. 페르귄트는 간신히 살아남는다.

제3막은 산에서 돌아온 페르귄트는 잠깐 솔베이그와 같이 산다. 어느 날 어머니 생각이 나서 어머니가 살고 있는 오두막으로 찾아간다. 어머니 오제는 중병으로 신음하다가, 아들의 얼굴을 본 후 쓸쓸한 미소를 지으며 숨을 거둔다. 어머니를 잃은 페르귄트는 다시 모험을 찾아 방랑자가 된다.

제4막은 세계를 돌아다니다 큰 부자가 된 페르귄트는 어느 날 아침 모로코 해안에 도착한다. 그러나 사기꾼에게 걸려서 다시 빈털터리가 된다. 그 후 예언자 행세로 짧은 시간에 거부가 되어 아라비아로 들어가 베두인족 추장이 베푼 연회에 초대된다. 아라비아 추장의 딸 아니트라의 관능적인 미모와 춤에 현혹되어 방탕한 생활을 일삼다가 또다시 전 재산을 탕진하고 만다.

제5막에는 파란만장한 생활이 여전한 페르귄트는 신대륙 미국으로 건너가 캘리포니아에서 금광으로 큰 부자가 된다. 그러나 세월을 이기지 못하고 늙어 버린다. 그동안 축적한 재물을 싣고 고국 노르웨이를 찾아 귀국길에 오른다. 그러나 하느님이 노했는지 조국 노르웨이를 눈앞에 두고 거센 풍랑에 휩쓸린다. 배는 침몰하고 또다시 무일푼 거지가 된다. 어느 황혼이 깊게 드리운 날, 그는 늙고 병든 몸으로 지난날 그가 살던 오두막을 찾는다. 오두막에는 이미 백발이 된 솔베이그가 멀리 보이는 피오르를 보며 돌아오지 않는 페르귄트를 기다리고 있다. 페르귄트는 "그대의 사랑이 나를 구해 주었소." 참회의 말과 함께 자기를 기다리며 늙어 가는 그녀에게 인간의 참사랑을 느낀다. 그리고 그녀의 무릎에 머리를 얹는다. "당신은 너무 피곤해 보이는군요. 이제 푹 쉬세요." 한 손으로 물레를 돌리는 솔베이그의 애절한 노래를 들으며 페르귄트는 파란만장한 인생을 마감한다.

그 겨울이 지나
또 봄은 가고
또 봄은 가고,
그 여름날이 가면
더 세월이 간다
세월이 간다.

아!
그러나 그대는 내 사랑
내 님일세.
내 정성을 다하여
늘 기다리노라
늘 기다리노라.

아!
그 풍성한 복을

참 많이 받고
참 많이 받고,

오!
우리 하느님
늘 보호하소서
늘 보호하소서.

쓸쓸하게 홀로 늘
기다린 지 그 몇 해인가.

아!
나는 그리워라
너를 찾아가노라
너를 찾아가노라.

《페르귄트 모음곡》은 그리그가 31세 때에 쓰기 시작하여 다음 해 1875년 여름에 완성한 곡이다. 환상적인 시극 〈페르귄트〉의 공연을 위한 무대음악으로 작곡되었다. 5막 5개의 전주곡을 비롯해 행진곡, 무곡, 독창곡, 합창곡 등 23개 곡으로 구성되었다. 그중 〈솔베이그의 노래〉는 세월은 흘러도 언젠가는 당신이 돌아올 것이라는 이 시극의 아리아다. 이 노래는 우리의 가슴에 애절하면서도 인상적으로 남아 있는 너무나 유명한 곡이다. 이 곡의 가사는 부와 향락만을 추구하는 현대인들의 정신적인 황폐와 인간의 과대한 야망의 부질없음을 보여 준다. 또한 한 인간의 아름다운 사랑과 그리움 등 인간 본연의 자세의 중요함 같은 많은 메타포를 던져 준다.

그리그 생가와 박물관은 베르겐 여행자들의 필수 방문 코스다. 육신은 이 세상을 떠나 영면의 세계로 떠났지만 그의 영혼은 영원히 살아 있었다. 이렇듯 살아 있는 그리그를 만나기 위해 세계 각지에서 많은 관광객이 이곳을 방문한다. 방문객이 쓰고 간 돈으로 베르겐 시의 경제를 활성화시키고 그가 사랑한 조국의 위상을 높이고 있는 것도 분명했다. 그러기에 그리그는 죽지 않고 영원히 살아 있는 것이다.

플뢰이엔 언덕에서 본 베르겐 항구의 모습

나는 아쉬운 발길을 돌려 그리그 박물관을 나섰다. 거리에는 어둠이 서서히 막아서고 있었다. 전등불이 밝혀지는 시간에 베르겐의 상징인 해발 320m인 플뢰이엔 언덕에 오르기 위해 케이블카를 탔다. 이 언덕을 오르내리는 케이블카는 일시에 40명 이상을 수송할 수 있는 대형이었다. 출발점에서 정상까지 약 7분이 소요됐다. 케이블카는 이곳을 방문한 여행객을 운송하는 수단도 되지만, 계곡에 사는 일반 주민들의 교통수단이 된다고 했다.

정상에서 본 베르겐 시가지는 유럽형의 고풍스러운 건물과 함께 항구에 정박한 범선에도 붉은 전등이 소록소록 피어나고 있었다. 나는 플뢰이엔 언덕에서 아름다운 항구 베르겐, 그리고 그리그와 이별을 하고 있는 것이다. 만남이 있으면 헤어짐이 있는 자연의 섭리처럼.

"굿바이, 베르겐! 영원히 살아 있는 그리그여, 안녕!"

노르웨이 여행을 마치고

이번 노르웨이 여행에서 나에게 가장 흥미로운 것 중의 하나가 바이킹이었다. 바이킹이란 말만 들어도 뿔 투구에다 도끼를 든 잔인한 약탈자의 모습이 어릴 때부터 내 머리에 형성되어 있었기 때문이다. 그러나 노르웨이 여행을 계획하고부터는 바이킹에 대한 의문이 생겼다. 왜 그들이 잔인해야 했는지, 역사 속 그들의 삶은 후손에게 어떤 영향을 끼쳤는지, 현재의 노르웨이 국민들은 그들의 조상인 바이킹을 어떻게 조명하고 있는지 등등 속내 깊은 진실을 알고 싶었다.

여행을 떠나기 전, 영화 〈바이킹〉 DVD를 구해 바이킹에 대한 사전 지식을 쌓기로 하였다. 에디슨 마샬의 원작 소설을 바탕으로 한 이 영화는 커크 더글라스, 자넷 리 등 할리우드 최고의 배우들이 출연하여 많은 인기를 얻은 영화였다. 내용은 대충 이랬다.

8~9세기, 유럽의 바이킹들은 전쟁의 신 오딘을 숭배했다. 그들의 땅은 좁고 얼음에 뒤덮여 식량 생산이 어려웠다. 그래서 바다에서 식량을 찾아야 했다. 그들은 조선술이 능했는데, 그것이 바다로 나갈 수 있는 밑받침이 되었다. 영화는 막바지로 가면서 잔인하고 포악한 바이킹의 이미지는 사라지고 그들 특유의 종족애, 형제애, 사

랑 등의 인간애가 나타난다. 특히 영화의 하이라이트는 바이킹 왕인 랙나의 아들 아이나와 그의 이복동생 에릭과의 결투 장면이다. 이 결투에서 형 아이나는 동생 에릭의 칼에 맞는다. 그는 피투성이 몸으로 '오딘'을 외치며 동생 에릭과 모가나 공주의 사랑을 축복한 후 숨을 거둔다. 아이나의 시신을 실은 배는 수많은 불화살을 맞고 화염에 싸인 채, 서서히 피오르의 깊은 바닷속으로 침몰한다.

나는 노르웨이를 여행하며 바이킹의 정체성을 이해하려고 노력했다. 그 결과 바이킹의 잔인성은 천성적이 아니라 그들 삶의 한 방편이었다는 것을 알게 되었다. 그러자 바이킹에 대한 나의 모순된 편견이 번민으로 다가오기 시작했다. 노르웨이인들에게서 어떠한 잔인성도 찾아볼 수 없었다. 바이킹의 후손인 입센과 그리그만 보아도 바이킹의 선천적 잔인성을 부정하는 증거로 충분했기 때문이다.

지금 노르웨이는 북해 유전에서 기름이 펑펑 쏟아지는 엄청난 부자 나라다. 그 옛날 바이킹이 활보했던 곳에 현대 문명과 자유가 함께 스며들어 있고, 빙하가 만들어 낸 피오르와 만년설이 있는 자연 그리고 뭉크·비겔란의 깊이 있는 예술, 친절한 국민성, 이런 것들을 찾아 세계인이 방문하는 관광 국가 노르웨이. 나는 이 나라를 너무 모르고 있었다. 또 알고 있어도 잘못 알고 있었다.

여행이라는 것이 잘못된 정보와 생각까지도 바로잡을 수 있음을 새삼 깨닫게 한 뜻 깊은 여행이었다.

Fort Hat Island
Taiwan

Taiwan
Taipei

Taiwan

포르모자의 섬 타이완

Chapter 1
행운 여행, 타이완을 뽑다

행운의 타이완 여행권

우리나라와 타이완 간의 정기 항공 노선 복항 기념행사가 서울 소공동에 있는 조선호텔에서 있었다. 이 행사는 항공 노선의 복항을 축하하는 자리였지만, 급속도로 늘어나는 우리나라 관광객을 타이완으로 유치하기 위한 이벤트성 행사의 뜻도 있었다.

이 자리에는 주한 타이완 대표부 대표, 타이완 교통부 관광국 국장 등 타이완 정부에서 내한한 관계 공무원과 항공업계, 관광업계, 언론계 명사들이 대거 참석했다. 한국 측에서도 정관계, 언론계, 관광업계 단체장, 항공사 관계자들이 참석하여 성황을 이루었다. 필자도 관광 기자 자격으로 이 행사에 초청되었다.

일반 시민들이 듣기에 타이완과의 항공 노선 복항이라 하면 다소 이해가 되지 않을 것이다. 하지만 여기에는 우리나라와 국제사회의 냉엄한 현실과 힘의 논리가 작용하고 있다.

우리나라와 타이완은 1948년 단독 수교를 맺었다. 양국은 같은 분단국가의 입장에서 정치·외교관계는 한미 동맹 관계 이상으로 돈독했다. 장제스(蔣介石) 타이완 총통은 일제강점기 때 국공내전을 치르면서도 대한민국 임시정부를 상하이에 설립하도록 지원했고, UN안보리 상임이사국으로서 국제사회에서 우리나라를 적극 지원하였다. 장 총통의 이러한 지원은 당시 독일, 베트남, 중국, 한국 등 각각 공산 정권과 자유민주주의 정권이 분단되고 있다는 동병상련의 정서도 크게 작용했다.

우리나라 박정희 대통령은 정권을 잡은 후 장제스 총통을 만나 국가 재건을 위해 대만이 실행한 신생활운동을 본받아 새마을운동을 전개했다. 1975년 8·15 경축식장에서 피격 사망한 육영수 여사의 장례식 때는 타이완 전역에 조기를 게양하였으며, 박정희 대통령의 장례식 날은 임시 공휴일로 지정하기도 했다. 그만큼 양국은 각별한 외교 관계를 유지하였다.

그러나 1980년대 이후 중국이 개방하기 시작하면서 국제간의 여건은 급변해 갔다. 88서울올림픽을 계기로 우리나라와 중국과의 관계가 급진전한 것이다.

1992년 8월 24일, 한·중 수교에 따라 우리나라와 타이완은 단교를 선언하였고 그 해 9월에는 항공협정마저 중단하기에 이르렀다. 그때부터 양국 간 외교에 본의 아니게 금이 가기 시작했다. 타이완 언론은 우리나라 정부를 의리 없는 나라라고 비난했다. 반면에

우리나라는 10억 달러 이상의 거대 시장을 가진 중국이 UN 가입
과 함께 자본주의국가와 수교하면서 제시한 전제 조건인 '하나의
중국 원칙'에 동의하지 않을 수 없었다.

그로부터 13년 후인 2004년 9월에야 우리나라와 타이완은 항공
협정이 새로이 체결된 것이다. 그러고 나서 한국 국적기는 그 해
12월 1일부터, 타이완 국적기는 이듬해 3월 1일부터 정기 직항 노
선이 재개된 것이다.

복항 기념행사의 주요 순서가 끝나고 난 다음 초청 인사들을 위
한 행운권 추첨이 있었다. 사회자의 진행에 따라 입장할 때 미리
낸 참석자 명함들을 한 장씩 뽑아 당첨된 사람들에게 선물을 증정
하는 시간이었다. 호명된 사람들에게는 타이완의 명주인 죽엽청
주, 금문고량주, 오가피주 등을 선물했고, 어떤 사람들은 타이완
고산 우롱차를 받기도 했다. 또 명함이 뽑히지 않았더라도 참석한
모든 사람들에게는 타이완에서 직접 가져온 빵과 과자 등 여러 가
지 경품이 제공되었다.

그 경품 중에 가장 으뜸이 행운권이었다. 바로 타이완 남단 가
오슝(高雄)을 기점으로 하는 2인 3박 4일의 여행권이었다. 서울과
타이완 가오슝 간의 왕복 비행기 티켓과 숙박 체류 비용 일체가 포
함된 것이었다.

마지막으로 그 경품이 걸린 명함을 뽑는 사람은 주한 타이완 대

표부 대표였다. 장내에 있는 사람들은 숨을 죽여 가며 자신이 호명되기를 기다렸다. 드디어 행운의 주인공 이름이 발표되었다. 그런데 그 이름이 어디서 귀에 익은 듯했다. 장내는 박수와 함께 환호성이 울렸다. 사회자가 행운의 당첨자라며 한 번 더 호명을 하기에 귀를 쫑긋해 들어 보니 이것이 어찌된 일인가. 분명 내 이름이 아닌가!

"세상에 이런 행운이 나에게 오다니!"

가슴이 뛰고 목소리도 떨려 왔다.

초등학교 시절 책보자기에 싼 도시락을 어깨에 메고 10리 길 보경사로 소풍갔을 때, 100명의 학생에게 줄 보물딱지 100개를 숨겨 놓았는 데도 그것 하나 찾지 못해 몰래 원통한 눈물을 흘렸던 나였다. 그 이후로 행운권 추첨이 있는 자리에서는 내 팔자에 행운권은 없다고 단정하며 아예 외면하고 살아왔다. 그런데 이런 엄청난 행운이 나에게 돌아온 것이다.

"아니, 뭔가 잘못된 것이 아닐까?"

나는 익숙하지 않은 환경이 갑자기 닥쳤을 때처럼 의구심마저 생겼다. 행여 호명된 이름을 잘못 들었을까 하고 의심해 보았지만 분명 내 이름이었다.

"허허, 금년부터 하는 일이 잘되려는가?"

이렇게 횡재한 행운권이 남편의 기를 세우는 데 지대한 역할을 하였다. 집으로 돌아온 나는 점잖게 헛기침을 하면서 아내에게 여

2003년 7월 1일 완공하여 타이완을 상징하는 101층 빌딩. 높이 509m로 2010년까지 세계 최고층 건물이었다.

행권을 내놓았다. 심드렁한 표정을 짓던 아내는 해외여행권을 보더니 화들짝 놀라며 신혼 초의 새색시마냥 기뻐하였다. 우리 부부는 1969년도에 결혼했는데, 그때 사정으로는 해외여행은 꿈도 못 꾸는 형편이었다. 우리는 신혼여행을 가는 기분으로 타이완에 대한 정보를 모으기 시작하였다.

타이완은 중국 본토에서 160km 떨어져 있는 섬나라이다. 국토는 주로 산과 구릉지로 이루어져 있으며 행정 수도는 타이베이이다. 1949년 이후 중화민국을 구성하는 중심 섬이며, 이외에도 마쭈 섬, 진먼 섬, 펑후 군도가 중화민국에 포함되어 있다. 면적 36,190km^2(인근 섬 포함), 인구 2300만 명(2009 추계). 세계에서 최고 인구 밀집 지역에 속한다. 인구의 대부분이 한족으로 구성되어 있고, 공용어는 표준중국어(베이징어)이며 타이완어, 푸젠어, 하카 방언 등도 쓰인다.

환태평양 지역의 산업을 주도하는 타이완의 경제는 제조업·국제무역·서비스업에 기반을 두고 있다.

타이완 섬의 존재는 이미 7세기에 중국인들에게 알려져 있었다. 그러나 중국인들은 타이완 섬에 17세기 초부터 정착했다.

1590년 포르투갈인이 이곳을 처음으로 방문해 '아

태평양전쟁 시에 사용한 대포

름다운 섬'이란 뜻의 일랴 포르모자(Ilha Formosa)라고 이름 지었으나 정착하지는 않았다. 1646년 네덜란드가 타이완 섬의 지배권을 장악했다. 하지만 1661년 명나라의 지지 세력인 중국 난민들이 대거 유입하여 네덜란드인들을 축출했다. 1683년 타이완은 만주에 부속되었고 1858년까지 유럽인들에게 개방되지 않았다. 1895년 청일전쟁의 결과로 타이완은 일본에 귀속되기도 했다. 제2차 세계대전에서 일본의 군사 본부가 된 타이완은 미국으로부터 잦은 폭격을 받았다. 일본이 전쟁에 패한 후 타이완은 중국에 반환되었는데, 당시 중국은 국민당 정부가 통치하고 있었다. 공산주의자들이 1949년 중국 본토를 접수하자 국민당 정부는 타이완으로 도주하여 장제스를 총통으로 하는 내각을 구성했다. 그 이래로 중국 본토의 중화인민공화국은 타이완을 중국의 1개 성으로 간

주해 왔다.

1954년 장제스와 미국은 상호 불가침조약을 체결했고, 타이완은 거의 30년 동안 미국 지원을 받으며 눈부신 경제성장을 이루었으며, UN에서 중국 대표부로 인정받았으나 1971년 중화인민공화국이 그 자리를 대신하게 되었다. 1949년에 계엄령이 시행되었고, 1987년에는 중국 본토 여행 금지령이 시행되었다가 1년 후에 해제되었으며, 1989년에는 야당이 합법화되었다. 본토와의 교류는 1990년대에 더욱 긴밀해졌으나, 2000년 천수이벤(陳水扁)이 총통으로 선출된 이후 타이완의 장래 위상 문제로 긴장감이 고조되기도 했다.

3월 23일, 봄기운이 완연히 무르익고 하늘이 유난히 푸른 날이었다. 나와 아내는 인천공항을 출발하는 타이완 국적기 유니(立榮)항공의 탑승을 서둘렀다. 우리가 타고 갈 비행기는 비즈니스 클래스 12석, 이코노미 클래스 140석, 도합 152석으로 국제선 비행기로는 작은 몸체였다. 외국 노선 취항 비행기로는 안전성이 다소 결여된 것 같은 선입감이 들기도 했다. 그나마 좌석도 듬성듬성 비어 있었다.

아내와 결혼한 지 30여 년이 지났지만 아이들을 키우고 먹고살기에 바빠 해외여행 한번 제대로 한 적이 없었다. 그런 것이 늘 마음에 늘 걸리기도 했다. 그러던 차에 이렇게 해외여행을 위해 아내와 함께 비행기 좌석에 나란히 앉으니 그동안 노고에 대한 작은 보답이라도 하는 것처럼 한결 마음이 가벼워지는 듯했다.

기내 건너편 좌석에는 3, 40대 여인이 여럿 앉아 있었다. 그들은 알아들을 수 없는 말로 얼마나 크게 떠드는지 시끄럽기 짝이 없었다. 타이완 사람들인 모양이었다.

여행을 하다 보면 유독 시끄럽게 떠드는 사람들이 있다. 경험에 의하면 외국 공항에서 단체로 온 여행객이 모여 있을 때 유독 떠드는 사람의 7, 80퍼센트는 우리나라 사람들, 그것도 경상도 사람이거나 중국 사람이었다. 하기야 타이완 사람도 중국인이니까.

낯선 땅을 여행하다 보면 생소한 풍광과 문화에 절로 감탄하고 흥분해지는 것은 당연한데 어찌 떠들지 않겠는가. 어쩌면 그런 사람들이 더 나은 여행을 즐길지도 모른다.

출발 시간이 되자 비행기는 하늘을 향해 기수를 올렸다. 타이완 여행은 대부분 타이베이 위주로 이루어지기 때문인지 남단 가오슝으로 가는 승객은 그리 많지 않았다. 그래서 작은 비행기가 운행되는 모양이었다.

나는 외국 비행기를 처음 타는 사람처럼 우리나라 사람이 탑승했나 싶어 고개를 들고 찾아보았지만 보이지 않았다. 하기야 우리나라 사람이나 타이완 사람들은 비슷한 동양인의 얼굴이니 말소리나 들어야 판단될까 얼굴만 보고 금방 분간하기는 어렵지 않겠는가.

두리번거리며 귀를 세우고 있는데 어디서 굵은 목소리의 한국말

대만 국립고궁박물관. 세계 4대 박물관 중의 하나로 중국 송 왕조로부터 원, 명, 청의 황실이 소장했던
보물 70여 만 점을 보유하고 있다.

이 들렸다. 바로 앞자리에 넥타이를 맨 중년 신사 두 분이 얘기하고
있었다. 이런 데서는 우리나라 말소리만 들어도 반갑다. 게다가 지
금의 내 경우는 중국말은 한마디도 하지도 듣지도 못하는 데서 오는
불안감을 탈피해 보려는 심리가 은연중에 작용하는지도 몰랐다.

시골 정서가 담뿍 담긴 가오슝

오후 1시 5분, 인천공항을 이륙한 지 2시간 40분 만에 도착을 알
리는 기내 방송이 흘러나왔다. 얼마 있지 않아 공항에 착륙한 비

행기의 바퀴가 멎고 나서야 안도의 한숨이 나왔다. 사람의 마음은 요상한 것이어서 작은 비행기의 요동 때문에 잠깐씩 느꼈던 짜릿한 맛과 짧은 비행시간이 아쉽기도 했다.

가오슝 비행장은 국제공항치고는 그리 크지 않았다. 나는 서울을 떠나기 며칠 전에 주한 타이완 관광청에 들렀었다. 타이완 관광 행사에서 준 경품으로 관광하는 것이니 보고 느낀 여행담을 기록하여 신문이나 잡지에 실었으면 좋겠다고 말하기 위해서였다. 또 그렇게 하려면 말이 잘 통하지 않아 어려움이 있겠다고 하였다. 그러자 왕인더(王仁德) 타이완 관광청 서울지소장이 타이완 관광의 홍보도 될 겸해서 여행 기간 동안 한국말이 통하는 가이드를 공항 출구에서 기다리도록 편의를 봐주겠다고 했다. 패키지여행도 아니고, 아내와 단둘이 하는 외국 여행은 처음인지라 언어 소통 등에 다소 걱정스러웠는데 모든 문제가 한꺼번에 해결된 셈이었다.

입국 심사 카드 기록을 현지에서 했기에 같이 탑승한 사람들 중에 가장 늦게 출구를 빠져나왔다. 카드의 기재 사항은 한문으로 되어 있는 데다가 깨알같이 작은 글자로 쓰여 있었다. 그래서 공항 직원에게 부탁하여 기록하게 하였더니 더 늦어진 것이다.

공항 입국 대합실로 나왔다. 왕인더 소장이 말한 대로 나를 찾는 사람이 있을까, 이리저리 살피는데 저만큼에서 40대 초반쯤 보이는 남자가 눈에 들어왔다. 검은 양복을 말쑥하게 차려입은 그는 영어로 내 이름이 적힌 피켓을 들고 서 있었다. 어려운 상황에 처한 군사가 갑자기 지원군을 만난 것처럼 안도의 숨이 나왔다. 나는 여기 있다는 신호로 팔을 번쩍 올려 흔들었다.

"제가 남기수입니다."

먼저 반가이 손을 내밀었다.

"오시느라 수고하셨습니다. 송경인이라고 합니다."

그가 악수를 청하는 내 손을 잡고 타이완 관광청 서울지사로부터 연락을 받고 타이베이에서 이곳 가오슝까지 왔다고 했다. 처음 듣는 그의 한국말 발음이 우리나라 사람으로 착각할 정도로 분명하고 좋았다. 그는 화교로 어릴 때 우리나라에서 거주하다가 타이완으로 돌아왔다고 한다. 또 대학에서 한국어를 전공했으며 한국어 연수차 두어 번 우리나라를 다녀왔다고 했다. 지금은 타이완의 대형 여행사인 귀빈여행사에서 우리나라 관광객을 상대로 여행 가이드를 한다고 했다. 그는 훤칠한 키에다 인상도 좋았고 거기에다 오랜 관광 가이드에 익힌 친절미가 뚝뚝 떨어지는 상냥함도 함께 있었다. 3박 4일 동안 여행길을 같이한다고 하기에 이 사람이라면 재미있는 여행이 될 것 같았다.

한결 마음이 편해진 나는 송경인 씨에게 말을 건넸다.

"송 선생! 내가 작은 부탁이 있소만……."

"네, 무엇이든 말씀하세요."

"나이도 나보다 젊고 하니 지금부터 송 선생이라 부르면 어떨

까요?"

"저는 괜찮으니 편하신 대로 부르세요."

조심스럽게 말을 건넸더니 송경인 씨가 흔쾌히 대답하였다. 사실 '선생'이라는 호칭은 상대를 높여 부르는 말이지만 한편으로는 이렇게 편하게 쓰기도 한다.

구름이 다소 낀 날씨였으나 우리나라 늦봄 기온인 22도에서 25도 사이였다. 서울에 비하면 10도 이상 높은 셈이지만 여행하기에는 참 좋은 날씨였다. 그러나 섬 지방 특유의 바닷바람이 세게 불어 오히려 서울에서 입던 옷보다 더 껴입어야 할 것 같았다. 이쪽이 더운 지방이라 얇은 옷만 챙겨 와서 껴입을 것이 없다며 아내는 몸을 움츠리기까지 했다.

우리는 대기하고 있던 검은색 승용차에 올랐다. 타이완 관광청에서 승용차도 같이 보낸 것이다. 안내하는 송 선생이 말하기를 가오슝 시내를 거처 동남쪽으로 내려가다 국립해양생물박물관과 태평양을 접한 해안선을 관광하다 보면 한 3시간 후 컨딩(墾丁)이라는 도시에 도착한다고 했다. 컨딩은 타이완 남단에 있는 비치 타운으로, 사철 휴양객이 붐비는 타이완 제일의 휴양지였다. 우리가 그곳에서 숙박할 것이라고 했다.

나는 가오슝이 초행은 아니었다. 15~6년 전쯤, 내가 K자동차에서 AS 부서의 책임자로 재직할 때, 기업 새마을운동 지도자 해외 연수차 타이완을 방문한 일이 있었다. 그때 연수가 끝날 무렵 타이완의 중요 도시를 둘러보는 가운데 이곳 가오슝을 방문한 일이 있다. 그러나 오래되기도 하고 잠깐 들렀던 곳이라 도시 기억은 별로 없었다.

타이완 남부에 위치한 가오슝은 인구 150만 명의 타이완 제1의 항구도시며 무역도시로, 나라 전체를 두고 보면 두 번째로 큰 도시이다. 지정학적으로 태평양과 인도양 사이에 있는 사통팔달 해상 교통 요충지이다. 2000년대에 들어서는 화물 수송량이 세계 4위에 올라 타이완 무역업에 중추적인 역할을 하고 있다. 시내 중심가에 85층 높이의 동띠스빌딩과 50층의 창구세계무역빌딩 등 수많은 마천루들이 하늘을 향해 다투듯 솟아 있다.

수세기 전까지만 해도 이곳은 현지 원주민들의 이름 그대로 따꼬우 또는 타카우(Takuo)라고 부르기도 했다. 그런데 이 지역 해적들에게 계속 시달려 오던 원주민 타카우(따꼬우셔의 줄임말)족은 1563년에 현재의 변동 시로 이주했으며, 타카우라는 도시 명칭은 1920년 가오슝으로 이름이 바뀔 때까지 계속 쓰였다.

내가 회상에 잠겨 있을 때, 송 선생이 타이완에 대한 이야기를 들려주기 시작하였다.

타이완은 인천에서 2시간 반이면 올 수 있는 지리적인 이점과 사계절 따뜻한 기후로 인하여 골프 여행지로 한국인들과 일본인들에게 새로이 각광받는 곳이다. 타이완에 골프장은 80여 개가 있

가오슝의 야경. 가오슝 등불 축제의 백미인 천등이 하늘로 오르고 있다.

으나 타이베이 근교에 대부분 있다. 가오슝 인근에는 겨우 6개의 골프장이 있지만 그 시설이나 코스의 아름다움은 세계 어디에 내놔도 손색이 없다.

그뿐만이 아니다. 가오슝 시를 가로지르는 아이허(愛河) 강 주변은 몇 년 전만 해도 환경오염으로 찌든 악취와 정돈되지 않은 주위 환경 때문에 도시 미관상 골치 덩어리였다. 이를 개선코자 하는 정부의 강력한 의지는 주민들에게 대단한 호응을 받았다. 그리고 주민들의 협조 아래, 오수관과 우수관(雨水管)을 따로 설치하고 주변 정화 작업을 여러 번 거듭했다. 지금의 정돈된 아이허 강 주변은 항구도시의 우아한 밤 풍경과 아울러 시민들의 휴식 공간과 젊은이들의 낭만의 장소로 제공되고 있다는 등의 주로 가오슝에 관한 이야기들이었다.

송 선생의 이야기를 듣다 보니, 가오슝의 아이허 강은 우리나라의 한강과 난지도의 경우와 비슷하다는 생각이 들었다. 송 선생은 계속하여 말을 이었다.

몇 년 전 국민당이 집권 시에는 타이베이를 위시한 북쪽으로만 발전시켰기에 남단인 가오슝은 상대적으로 낙후되어 있었다. 그때 사장연(謝長延) 전 시장이 시장으로 선출되면서 가오슝을 집중적으로 발전시켰다. 물론 반대하는 주민도 많았다. 반대하는 사람들은 대부분 기득권층으로 개발로 인해 자기 손실이 생겼기 때문이다. 그러나 희생 없는 발전은 없다고 생각한 사장연 시장은 미래의 가오슝을 위해 환경 복원과 함께 체계적인 도시 개발에 힘을 쏟았다. 시간이 지날수록 반기를 들던 주민들도 그를 이해하고 따랐다. 결국 그는 현재의 가오슝을 만들었다.

그 외에도 가오슝에는 가오슝 역사박물관, 시립미술관 및 가오슝 야시장 등이 있어 이곳의 역사와 문화, 전통 정서를 이해하는 데 도움을 주고 있다. 또한 2001년부터 이곳에서 개최된 등불 축제는 이미 국제적인 반석에 올라 있고, 인정 많고 손님맞이를 좋아하는 이곳 주민들의 천성 때문에 국내외 관광객들에게 관광도시로서의 인기가 높다고 하였다.

한 나라의 지도자가 국민을 위해 사심 없이 헌신하여 주기를 바라는 것은 비단 타이완뿐만 아니다. 이 세상 어느 나라 국민들도 마찬가지이다. 설사 과업을 진행하는 동안 부득이하게 잘못을 저질렀을 경우도 있지만 후세인들이 그 잘못만을 부각시켜 평가하는 것은 바람직하지 못하다.

난 우리나라 박정희 전 대통령이 그렇다고 생각한다. 60~70년대 국민들의 가난을 없애 보려고 새마을운동을 필두로 경제 기반을 닦은 것이 우리나라 경제를 태동시킨 원동력이 아니던가. 그러나 그 이면에는 정권 유지를 위한 인권 탄압 등 여러 가지 잘못된 점이 있었던 것도 사실이다. 동서고금을 막론하고 어떤 국가, 어떤 인물의 역사적 평가는 후세 역사가들의 공정한 평가로 이루어져야 한다고 늘 생각해 왔다. 그래야 후손들에게 정당한 교훈이 되는 것이 아닐까? 모든 일에 다 좋다는 것은 독재가 아니면 무능력이다. 석가모니, 예수, 공자 등 동서고금의 성인들도 세인들로부터 다 좋다는 말을 듣지는 못했다. 그래서 진리는 좋은 것과 나쁜 것이 반드시 공존(禍福同門)한다고 성인들은 말했다.

"송 선생! 가오슝의 밤 문화는 어

가오슝 야시장의 모습들

떻습니까?"

화제를 바꾸기 위해 생뚱맞게 던진 질문에 송 선생은 의아한 표정을 지었다.

"이곳은 10여 년 전부터 홍등가를 집중적으로 단속하였습니다. 현재는 간판을 걸고 영업하는 곳은 없습니다. 무명으로 영업을 하는 집은 있으나 아는 사람만 출입시키고 있습니다. 적발당하면 관계 당국으로부터 곤욕을 치르니까요. 만약 관광 가이드가 이런 곳을 안내하다 잡히면 가이드 허가증이 취소됩니다."

그는 단호히 말문을 막아 버렸다. 사실 내가 이런 질문을 한 것에는 나의 직업의식이 가미되어 있었다. 해외여행을 하려는 사람들 중에, 특히 젊은 남자들의 경우 외국 홍등가 얘기는 필수적이라 할 만큼 관심거리이기 때문에 여행 기자로는 언젠가 알아 두어야 할 종목이었다. 또 이번 여행을 하기 전에 H 교수가 지은 여행 책자에서 타이완의 밤 문화를 소개한 대목을 읽었는데, 그중 궁금한 점을 이참에 알고 싶은 욕심이 생겨서였다.

H 교수가 쓴 기행기 책자 내용은 대충 이랬다.

타이완에는 르웨탄 호수, 가오슝의 춘추각, 타이루꺼 계곡 등의 아름답고 원시적인 자연환경도 많지만 그보다 더 아름다운 것은 허벅지까지 보이게 찢어진 치파오를 걸치고 거리를 활보하는 꾸냥이 있어, 이들이 남성 관광객들의 선망의 대상이 된다. 그중에서도 타이베이에서 잘 알려진 베이토우(北投)에는 즐비한 온천장과 함께 젊은 여인의 완전 누드쇼로부터 온갖 기묘한 섹스 쇼를 볼 수 있으며 개중에는 실연까지 한다. 또 돈만 주면 여인의 처녀성을 살 수도 있는데, 이는 관광을 주선한 여행사나 호텔에서 관광객과 그곳 여자들을 짝지어 주는 사람이 공공연히 있었다. 관광객은 주로 일본 남자들이었다. 오래전 일이지만 일본인들의 동남아 매춘 관광이 그런 유로서 한국에서도 흔히 말하는 기생 관광이라는 이름으로 존재했다.

사실은 요즘 우리나라 여행객들 중에서도 외국 여행길에서 이국 여인과의 말초신경을 자극하는 시간, 그런 맛으로 여행하는 사람도 많이 있다.

지나간 시절인 1970년대 말, 우리나라의 고급 호텔 로비에서 게다짝을 끌고 젊은 여자들과 웅성거리는 일본 관광객들의 작태를 보고 그 얼마나 그들을 질시하고 아니꼬운 조소를 던졌던가. 일본 촌뜨기들, 당신들이 언제부터 돈을 가졌더냐! 하며 실눈을 뜨지 않았던가. 그랬던 것이 이제 우리도 잘살아지니 그런 촌뜨기 전철을 밟는다는 비판을 들을 때도 있다. 진정으로 반성해야 할 일이다.

타이완은 우리나라 경상남북도를 합친 면적 정도의 작은 나라이지만 남쪽인 가오슝과 북쪽에 있는 타이베이와는 문화와 정서, 음식의 맛이 차이가 난다. 타이베이가 도시적인 정서라면 남단 가오슝은 시골의 유순한 정서다. 음식 맛도 타이베이보다 짠 편이다.

아마 이곳의 기후가 덥기 때문에 음식도 저장하기에 알맞게 짜게 만드는 것이 아닌가 싶다.

해안선을 끼고 2시간 남짓 달렸다. 야자수와 뻥랑나무 등 열대성 과수들이 낯선 방문객에게 남방 지역의 섬나라 정취를 한껏 선보였다. 차가 진행하는 방향의 길가에 작은 구멍가게들이 있었다. 그 안에서 짧은 치마를 입고 화장을 짙게 한 아가씨들이 앉아 무언가를 팔고 있었다. 나는 이런 것을 놓칠세라 얼른 송 선생에게 물었다. 남자들의 호기심을 재빨리 드러낸 셈이다.

"송 선생! 저 아가씨들이 무엇을 팔고 있나요?"

"뻥랑입니다. 나무 열매이지요."

송 선생은 뻥랑 열매에 대한 말을 이어 갔다.

남방 지역에 많이 나는 열매로 야자나무처럼 생겼는데 뻥랑을 씹으면 입 안이 빨개지고 약간의 환각 작용이 있다고 했다. 피곤할 때라든가 졸음이 올 때 정신을 맑게 하는 작용도 한다고 했다. 그래서 차량이 통과하는 삼거리나 번화가 뒷골목 같은 곳에서 야하게 차린 아가씨들이 이 열매를 판다는 것이다. 뻥랑을 많이 씹으면 이가 검게 변한다는데, 이곳 사람들은 씹는담배 정도로 생각한다는 말도 덧붙였다.

나도 언젠가 본 기억이 났다. 새마을 교육 연수차 방문했던 타이베이 밤거리의 포장마차 같은 곳에서 팔고 있던 그 열매였다. 어둠이 내린 늦은 시가지에 관능적인 옷차림을 한 젊은 아가씨들이 삥랑 열매를 씹고 있었다. 그때 그 여인들의 빨개진 입 안이 마치 피 묻은 드라큘라를 연상케 했다. 처음 오는 외국 관광객들은 그들을 보고 홍등가 여자라고 오해한단다. 나는 삥랑을 한번 씹어 보고 싶었다. 관광지 주민들의 생활을 체험해 보는 것도 관광의 일부분이라 생각해서였다. 시간을 내서 삥랑을 사자고 송 선생에게 일러두었다.

차가 지나가는 오른편으로는 태평양 바다를 접한 해안이었다. 흰 페인트를 칠한 판자에 검은 글씨로 백보사주의(百步蛇注意)라고 쓴 표지가 보였다. 백보사는 손가락 굵기의 몸체로 그 길이가 30cm 정도인 맹독을 지닌 뱀이다. 이 뱀에 사람이 물리면 100보를 못 가고 죽는다 하여 백보사라 이름 붙인 것이다. 타이완 원주민들은 이 뱀을 두고 신의 뱀이라 했다. 백보사의 맹독에 굴복한 증거였다.

연수차 타이완에 왔을 때 르웨탄(日月潭, 타이완에서 가장 큰 천연 호수) 근처로 생각된다. 해가 진 저녁에 술을 한잔하려고 동료들과 산길을 걷다 '백보사주의' 표지를 보고 가던 길을 포기하고 돌아온 기억이 났다.

우리가 탑승한 승용차가 국립해양생물박물관에 도착했다. 밖은 끈끈하고 훈기 있는 타이완해협의 바람이 제법 세게 불었고, 열대수가 바람을 안고 고고 춤을 추듯 흔들렸다. 박물관 마당에는 실물

르웨탄 호수. 동양 최대의 담수량을 자랑하는 이 호수는 호수의 북쪽 지형이 초승달 모양 같아 '日月潭'이라 부른다.

크기로 만든 고래가 그 위용을 자랑이나 하듯 발걸음을 멈추게 했다. 꼬리로 물을 치는 놈, 머리를 하늘 높이 치켜세운 놈, 어미를 따라가는 새끼, 저마다 모습을 달리한 고래가 분수를 뒤집어쓰고 있는 모양이 마치 바다에서 놀고 있는 것 같았다.

우리는 박물관 실내로 들어섰다.

"이 수족관은 동부아시아에서 제일 큰 수족관입니다."

제복을 입은 젊고 예쁜 여직원이 살며시 웃으며 말했다.

박물관의 규모는 크고 웅장했다. 해양 생물이 서식하는 수심에 따라 큰 배가 바닷속에 가라앉아 있는 것처럼 선장실, 갑판, 하갑판, 객실 등으로 구분하여 적절한 음향과 조명을 맞추어 마치 관람객이 깊은 바다 속에 들어와 있는 느낌이 나도록 만들었다.

타이완 수역에 서식하는 수중 생물 중 해삼, 성게, 불가사리, 게 등에서부터 10m 가까운 상어와 가오리, 방어 등까지 없는 게 없었다. 그들과 같이 움직이는 손가락보다 작은 물고기들이 있었는데 원래는 큰 고기의 먹이였지만 운 좋게 살아남아 서로 사이좋게 같이 살고 있다고 한다. 온갖 어류들은 대형 스크린 같은 수족관에 형형색색의 자태를 뽐내며 마치 구경하는 사람들을 이상타 여기듯 힐끔힐끔 눈짓하며 유유히 물결 따라 흘러 다녔다. 수심 200m 이상의 대륙붕 명도를 유지하기 위해 다소 어두운 분위기를 연출하고 있었으며, 어류들의 군무는 보는 이로 하여금 바닷속 황홀경

국립해양생물박물관 광장에 세워진 고래가 금방 솟아 오를 듯 하다.

에 빠져들게 했다.

대형 수족관의 유리 크기는 높이 48.5m, 폭 16m, 두께 33.5cm라고 했다. 이런 용도에 사용된 유리는 특수 제작된 유리가 아니면 수압에 견딜 수 없다. 유리 한 장 가격이 1억 원이며 총 들어간 유리 값만 2500만 위엔, 한화 77억 원 정도란다.

박물관을 두루 구경하고 나서 컨딩으로 향했다. 약 1시간 후 컨딩에 있는 카이저 파크 호텔에 도착했다. 오늘 밤 묵을 호텔이라 했다. 호텔이라고는 하지만 바닷가의 작은 콘도미니엄 같은 건물이었다. 룸 넘버 250호, 방 창문으로 보이는 태평양의 푸른 물결과 열대성 식물인 야자수가 남방의 정취를 한껏 더해 주었다.

컨딩은 산호초 지대와 산호 가루가 만든 고운 백사장이 넓게 있어 수영, 서핑, 다이빙, 보트나 요트 타기 등 수상 스포츠를 즐기기에 더없이 좋은 곳으로 국내외 피서객이 많이 찾는다고 한다. 또한 이곳은 타이완에서 첫 번째로 국가 공원으로 지정된 곳이다.

호텔 야외 수영장에 가득 찬 푸른 물이 바람에 잔주름을 일으켰다. 백사장 건너편에 거대한 용암 덩어리가 엉겨 붙은 바위산이 코끼리를 닮았다. 그러나 아내는 그 바위산을 보고 큰 고래가 육지로 기어오르는 모습이라고 했다.

저녁 식사는 이곳 토속 음식을 먹어 보기로 했다. 이 지방에서 나는 해산물로 만든 해물찌개 같은 것이었는데 우리 입맛에 역겨운 향을 뺄까 하는 송 선생의 물음에 여기 맛 그대로 해 달라고 했다. 완성

된 찌개의 맛이 태국의
방콕이나 베트남의 하노
이 뒷골목에서 먹어 본
토속 음식의 향과 비슷
했다. 다소 내 비위에 거
슬리는 향이었지만 그런
대로 먹을 만했다.

고래가 육지로 올라오는 모습의 바위

타이완에서 맞이하는 첫 밤, 야자수 너울 잎에 부딪치는 바람, 시원한 남국 섬나라의 정취가 깃든 바다, 하늘은 두꺼운 구름으로 덮였고 물먹은 외등 빛이 희뿌옇게 발산되는 어둠 속으로 이국의 밤은 깊어 가고 있었다.

타이둥으로 가는 길

컨딩에서 타이둥(臺東)으로 가는 길은 동부 해안선을 따라 북으로 올라간다. 거리가 멀고 일정이 빠듯하여 아침 일찍 출발해야 하는 우리는 6시에 일어나, 호텔 식당에서 토마토 두 쪽, 오렌지 두 쪽, 빵 한 조각, 주스 한 잔으로 아침 식사를 때웠다.

오전 8시에 타이둥을 가기 위해 자동차의 시동을 걸었다. 구름 낀 하늘에 바닷바람이 강하게 불어 왔다. 야자나무가 긴 머리를 푼 채 몹시 흔들렸다. 열대지방답지 않게 서늘한 기분이 들었다.

타이완 동부는 타이둥 현과 화롄(花蓮) 현이 대부분을 차지하고 있다. 이들 현은 동으로는 태평양을 접하고 배후에는 고도가 높은 중앙 산맥이 종으로 뻗어 있다. 옛날 개척 시대에는 이 지역을 두고 호우선(後山)이라 불렀는데 이는 '높은 산 밑에 있는 마을'이란 뜻이다.

우리는 서둘러 해안선을 따라 타이둥으로 이동했다. 송 선생은 자기도 이쪽으로는 잘 오지 않았다고 했지만 그래도 여기저기 보이는 것들을 설명하는 데 게을리하지 않았다.

1시간 이상 달렸을까. 가는 길옆에 국립타이완사전문화박물관(國立臺灣史前文化博物館)이라고 쓰인 표지가 나타났다. 우리는 표지가 보이는 쪽으로 방향을 잡았다.

미국의 마이클 그레이브스(Michael Graves)가 설계한 이 박물관은 이 지역에 조성된 베이난문화공원(卑南文化公園) 내에 2001년에 건립되었으며, 타이완 최초의 고고학 박물관이다.

베이난문화공원이 들어선 자리는 대만 최초의 고고(考古) 유적 공원으로 선사시대 집단 묘지였다. 1980년에 남회귀선 철도의 타이둥 역사를 공사하던 중 몇 개의 석관이 우연히 발견되었는데 그 후 8년에 걸친 발굴 끝에 5만 년 전의 원주민들의 것임을 알게 되었다. 타이완 본토 250만 년의 자취와 약 5만 년 전 구석기시대로부터 철기시대까지 타이완 동부 해안의 원주민들의 생활과 함께 현재 살고 있는 원주민들이 이곳에 정착한 과정을 잘 알려 주는 역사적 자료들이었다.

베이난문화공원에 산재해 있던 선사시대 유물들은 박물관을 건립하자마자, 이곳으로 옮겨 연구, 보존, 전시하였다. 그중 상당수의 고고학적 유물은 대만대학에서 연구 보존하고 있으나 언젠가는 이 박물관으로 옮겨 전시할 계획이라 했다.

그런데 베이난문화공원에서 발견된 석관들에는 흥미로운 점이 있었다. 석관 1600개의 머리 쪽이 모두 어떤 산을 향하고 있었던 것이다. 그 산이 드난산(都蘭山)이었다. 태양을 숭배하고 땅과 바다를 믿어 온 원주민들은 이곳에서 가장 높은 드난산 정상이 땅에서 하늘로 가는 교신지로 사람이 죽으면 영혼은 이 산을 거쳐서 하늘로 올라간다고 생각했던 것이다. 지금도 이곳 원주민들은 그 산을 성산이라 부른다.

전시물 중에는 흙으로 만든 사람의 모형이 여러 개 있었다. 이곳 원주민의 실제 크기 형상이라고 했다. 5만 년 전 이곳 사람들은 생선을 불에 익혀 먹고 사슴 사냥을 했다. 그리고 개 2마리가 사람 옆에 앉아 있는 모형은

타이완 원주민들의 민속춤

지구 어느 곳이나 원시생활 모습이 비슷했다는 것을 보여 주었다. 타이완은 지구의 지각 변동으로 지금은 섬이지만 오래전에는 중국 본토와 연결된 대륙이었기에 원주민들도 대륙 사람이었다.

타이완의 옛 사람들의 얼굴 모형에는 문신을 새긴 사람들이 많았다. 그때 사람들의 얼굴 문신은 그 사람의 능력을 상징하였다. 복잡하고 많이 새겨진 문신은 족장이나 또는 상당히 능력 있는 사람이었다.

또 이 지역은 옥석(玉石)이 많아 장식품의 대다수가 옥석으로 만들어졌다. 귀고리, 목걸이, 반지, 노리개 등 영롱한 비취색이 그대로였다. 그것도 마땅한 연장도 없었을 터인데 정교하기 그지없었다. 이곳 원주민들은 외계인들이 와서 옥석 다루는 방법을 알려 주고 갔다고 믿었다. 그래서 옥석은 그들에게 부의 상징이며 아름다움을 창조하는 보물이었다.

전시된 장식품 중에서 대형 옥석 귀고리가 눈에 띄었다. 머리핀 같은 모양으로 남자들의 권위를 나타냈을 것이라고 한다. 이 귀고리는 실물을 3천 배로 확대하여 만든 것으로 크기가 10m가 넘음 직했다. 실제 사용된 것은 아니고 상징물이란다.

고기잡이배에는 앞머리에 사람의 눈 같은 모양을 그려 놓았는데, 예고 없이 닥치는 해난과 많은 고기 떼를 미리 보는 눈이란다. 주술적인 얘기 같지만 자연 순리대로 살아가는 옛 사람들의 지혜와 염원이 담겨 있었다.

선사박물관을 찾는 관광객은 연간 20만 명이 넘으며 그중 외국인이 약 20% 정도란다. 박물관 관계 직원인 임지성 씨는 이렇게 설명했다.

"타이베이 고궁박물관의 문화유물도 좋지만 이곳 선사박물관에 전시된 유물은 순수 타이완 것이며, 타이완을 알려면 이곳 박물관을 방문해야 합니다."

베이난문화공원은 대만의 역사를 체험할 수 있는 살아 있는 교육 공원이었다.

관람이 끝나고 관계 직원들과 차를 한잔 나누었다. 그들은 언제라도 다시 오면 환영하겠다며 헤어짐을 안타까워했다. 박물관 마당까지 따라 나

타이완산 옥석으로 만든 조각품들

와 배웅하는 그들의 친절함을 뒤로 남기고 우리 일행이 탄 차는 화이엔을 향해 액셀을 밟았다.

마침 타이완 교통부 관광국 동부해안국가풍경구 관리처 임유령(林維玲) 주임과 직원 한 분이 패트롤카를 타고 선사박물관까지 마

중을 나와 주었다. 타이완 관광청 서울사무소 왕 소장이 미리 연락한 모양이었다. 임 주임은 서른이 갓 넘은 날씬한 몸매를 가진 여성이었다. 말할 때마다 생긋생긋 웃음을 띠는 갸름한 얼굴이 인상적이었다. 패트롤카를 앞세우고 왼쪽은 손대지 않은 중앙산맥의 높은 산들, 오른쪽은 넓고 푸른 태평양 바다를 낀 해안선을 따라 타이완 11번선 공로를 끝없이 달렸다.

얼마나 달렸을까. 앞서 가던 패트롤카가 길옆에 멈추었다. 여행

타이완 원주민족
(臺灣原住民族, Formosan Aborigines)

타이완 토착 민족, 고산족(高山族)이라고도 한다. 이들 원주민족은 한족(漢族) · 네덜란드인 · 스페인인에 앞서 이미 17세기 이전에 타이완에 살았다. 외지인과의 접촉이 시작되기 전에, 그들은 화전 경작 기술을 이용해 조 · 토란 · 고구마 등의 농작물을 재배하거나, 돼지 · 닭 · 개 등의 가축과 가금을 사육했으며, 수렵과 어로를 겸해 생활했다. 문자와 화폐가 없었으며, 도시도 건설하지 못했다. 또한 국가와 유사한 조직도 나타나지 않았다. 그러나 그들은 고유의 정치제도와 토지제도, 경제와 종교 체계 등을 갖추고 있었다.

타이완의 토착 민족은 크게 2가지로 나눌 수 있다. 첫 번째는 서부 평원에 거주하고 외부 세계와의 접촉도 비교적 빨랐던 핑푸(平捕) 주변의 여러 민족이다. 이들은 타이완의 한족 사회에 많이 동화되었다. 다른 하나는 산악 지대나 동부 평원에 거주하는 민족으로, 아직도 독특한 풍속과 언어를 갖고 있다. 이 토착 민족들은 타얄(泰雅 tayal), 사이시야트(賽夏 Saisiyat), 부눈(布農 Bunun), 쩌우(鄒族, Tsou), 루카이(魯凱 Rukai), 파이완(排灣 Paywan), 베이난(卑南 Puyuma), 아미(雅美 Ami) 등이 있다.

객들이 쉬어 갈 곳을 만들어 둔 곳으로 우리나라의 해안 길에 있는 휴게소 같은 곳이었다. 먼 여행길에 얻어진 갈증을 해소하기 위해 커피라도 한잔하고 싶던 참이었다.

차에서 내려 상점 좌판에 진열된 과일을 둘러보는데, 생전 처음 보는 열대 과일이 내 시선을 묶어 놨다. 과일 이름을 물어 보니 석가두(釋迦頭)라고 했다.

"석가두? 부처님의 머리?"

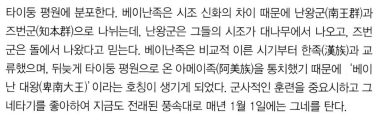

베이난족(卑南族, Beinan 또는 Peinan)

타이완의 9개 토착 민족 가운데 하나.

타이둥 평원에 분포한다. 베이난족은 시조 신화의 차이 때문에 난왕군(南王群)과 즈번군(知本群)으로 나뉘는데, 난왕군은 그들의 시조가 대나무에서 나오고, 즈번군은 돌에서 나왔다고 믿는다. 베이난족은 비교적 이른 시기부터 한족(漢族)과 교류했으며, 뒤늦게 타이둥 평원으로 온 아메이족(阿美族)을 통치했기 때문에 '베이난 대왕(卑南大王)'이라는 호칭이 생기게 되었다. 군사적인 훈련을 중요시하고 그네타기를 좋아하여 지금도 전래된 풍속대로 매년 1월 1일에는 그네를 탄다.

독특한 풍습으로는 장녀가 분가하지 않고 유산을 물려받는 장녀계승제도다. 그 밖의 딸과 아들은 모두 결혼 후에 분가한다. 따라서 장녀는 어머니 집에 기거하고 남편은 처가살이를 하게 되며, 차녀 이하는 남편을 따라가 살았다.

베이난족은 태양과 구름을 신성시하고, 남자아이들은 10살이 되면 원숭이 사냥을 한 후 성인으로 인정받는다. 한족과 일찍부터 교류를 시작했고 같은 마을 안에서 공동 거주했으므로 한족의 방식으로 조상에게 제사지내는 등 한족 문화를 비교적 쉽게 받아들였다. 이러한 현상은 조상에게 제사 드리는 것과 같은 그들 고유의 문화이념을 계속 유지하고 발전시키는 데 한 요인이 되었다. 주민은 주로 타이둥 현의 베이난 향(鄕)과 타이둥 시에 거주하고 있다.

부처의 머리를 닮았다는 과일 석가두

아닌 게 아니라 어른의 두 손을 모은 크기에 표피는 연꽃을 양각한 모양으로 석가모니의 머리를 닮았다. 임 주임이 이곳 특산 농산물이라며 먹어 보라고 권했다. 육질은 참외를 씹는 것 같았으나 맛은 입에 넣으면 스르르 녹는 솜사탕 맛이었다. 동남아 여러 곳을 여행하면서 열대 과일을 맛보았지만 이런 과일 맛은 처음이었다. 공해 없는 이곳 동부에서 열대와 아열대를 넘나드는 뜨거운 태양열이 이런 맛을 만들었는가.

"석가두는 나무 하나에서 20여 개 정도를 수확해요. 그중 한두 개가 황금색을 띠는 황금 석가두인데, 가장 양질의 것이지요. 그래서 1개당 한국 돈으로 5만 원을 호가해요."

임유령 주임이 말했다.

이런 품종을 만들기 위해 많은 시간과 여러 횟수의 실험을 거쳐 연구 개량한 결과물이란다. 생산 즉시 전량을 외국에 수출하므로, 석가두를 재배하는 농가는 타이완 정부의 외화 획득에 큰 몫을 한다고 했다. 나는 우리나라 농촌을 생각했다. WTO 협상으로 말할 수 없는 어려움을 겪고 있는 우리 농촌에도 우리 토양과 기후에 알맞은 신품종을 육성하고 개량하여 세계 시장에서 각광받는 농산물을 만들었으면 얼마나 좋으랴. 타이완도 농산물 문호 개방 압력은 우리나라와 비슷하지만 이런 특수작물을 생산하기 위해 관민이 엄청난 노력을 하고 있었다.

커피 잔을 들고 아내와 바다가 보이는 벤치에 앉아 잠시 휴식을 취했다. 나는 이 경치를 기억하고 싶었다. 그래서 우리 일행에게 실선같이 일어나는 해안선 파도를 배경으로 사진을 한 장 찍자고 했다. 이국의 산과 바다가 드러내는 유혹을 사진에 담고 싶어서였다. 멀리 수평선 위에 어디로 가는 큰 화물선 한 척이 어렴풋이 눈에 들어온다. 커피 냄새와 파도 소리가 함께 섞여 내 감각에 부딪쳐 왔다.

뤼다오에 얽힌 사랑 이야기

동쪽 바다 위에 작은 산과 같은 섬이 아물아물하게 보였다. 뤼다오 섬이었다. 바다 한가운데 우뚝 솟은 기암괴석과 해저 온천, 아름다운 산호, 멋진 해안 풍경이 있어 스쿠버다이빙, 낚시, 조개 줍기 등에 좋은 곳이라고 했다. 그래서 이 섬 전체가 관광지이다.

그러나 뤼다오(綠島)는 아름다움만이 있는 섬은 아니다. 장제스 총통 집권 시 정치범과 중죄인을 가두었던 빠삐용 감옥이 있던 곳이기 때문이다. 후일 이 감옥에서 풀려난 죄수가 뤼다오의 아름다움 때문에 죽지 못하고 목숨을 부지한 때를 생각하며 통곡을 했다고 한다.

뤼다오 남쪽에는 열대섬 란위다오(蘭璵島)가 있다. 이 섬에는 난이 많이 자생하여 섬 주위에 근접하면 은은한 난향이 바람에 실려 멀리 지나가는 배까지 향이 스민다고 한다. 란위다오는 지금도 원주민만 사는 곳으로 원주민 특유의 문화를 맛볼 수 있다. 그러나 우리는 일정 때문에 아쉽게도 두 섬을 방문하지 못했다.

날씨는 눈부시도록 맑고, 햇살을 따스했다. 에메랄드빛 바다와 난꽃 향기가 머금은 듯한 바람이 가슴을 시원스레 열어 주었다.

북회귀선이 통과하는 화이둥(花東) 지역은 아열대와 열대가 동시에 공존한다. 겨울에는 동북계절풍이 강하고, 여름에는 열대성 태풍이 지나가는 곳이다. 사계절 내내 기후 변동이 별로 없는 반면에 높은 중앙산맥으로 인하여 다른 지역으로부터 고립되어 있다. 그래서 인구도 적고 공해도 그리 없으며, 태곳적 자연의 모습과 타이완 원주민 문화가 원형대로 잘 보존되어 있다. 이곳에 거주하는 원주민들은 각 부락마다 그들의 조상이 해 온 풍습 그대로 하며 산다. 해마다 풍년, 풍어를 비는 제사도 지낸다. 이곳 화이둥 지방은 아직 관광으로는 처녀 지대이지만 앞으로는 사계절 관광 지구로 각광받을 것 같았다.

임 주임의 안내로 예정에 없던 영화 촬영지 한 곳을 방문하였다. 린쩡썽(林正盛) 감독의 〈달빛 아래 추억(月光下我記得)〉을 촬영한 곳이었다.

영화 촬영장의 오솔길. 길 양쪽으로 높이 자란 대나무 숲이 있다.

　바다가 훤히 보이는 산자락에 영화 촬영을 위해 만든 집이 앉아 있었다. 집은 바다를 조망하는 큰 창문이 달린 목조건물이었다. 집 뒤로는 키가 큰 대나무가 빽빽이 병풍처럼 들어서 있었고 댓잎을 스치는 바람 소리가 스산하리만치 까칠했다. 그 가운데로 좁은 오솔길이 실오라기처럼 기어가고 있었고, 길 끝엔 사랑하는 남녀가 사랑을 속삭일 때 사용한 의자가 놓여 있었다.

　영화 〈달빛 아래 추억〉은 정치범으로 체포된 남편을 뤼다오 감옥에 보내고 난 후 딸과 함께 남편의 감옥이 있는 뤼다오 섬이 보이는 고향에서 남편을 그리워하는 젊은 여인의 애틋한 사랑 이야기다. 그들이 젊었을 때 거닐었던 아름다운 길을 이제는 딸이 성장하여 애인과 함께 거니는 것을 보고 지난날을 추억하는 여인. 바다가 훤히 내려다보이는 거실에서 남편과의 아름다운 추억하고 있을 때, 딸과 애인이 키스를 한다.

"두 사람의 키스를 본 여인은 자위행위를 하는데, 그 원초적 장면이 기억에 남아요."

임 주임이 말했다.

영화 촬영이 끝나고 세트 건물이 허물어졌다고 한다. 그러나 이곳에 관광객이 늘어나자 새로이 복원 중이란다. 딸은 애인을 마중하러 자전거를 타고 대나무가 빽빽이 솟은 오솔길을 달려 나간다. 금방이라도 자전거 벨이 울려 퍼질 것처럼 영화 속의 오솔길은 무척 정겨웠다.

그 외 원주민이 거주하는 마을과 낮은 곳에서 높은 곳으로 물이 흐른다는 작은 도랑을 보기도 했다. 또 필리핀 지각판과 충돌하여 아직도 융기하고 있다는 산과 협곡도 구경하였다. 지각판이 부딪치는 계곡은 굉장히 험하고 보기 흉한 곳이다. 그런데 타이완 정부는 이를 정비 개발하여 관광지로 만들어 놓은 것이다. 이것을 보자, 이 나라도 관광산업을 위해 무던히도 노력하고 있구나 하는 생각이 들었다.

이런 험하고 흉한 지형을 관광지로 개발한 것을 보고 불현듯 우리나라 제주도 모 호텔이 생각났다. 제주도에서 가장 경관이 뛰어난 장소에 고급 호텔을 지어 우리 모두 보고 누려야 할 자연을 이용해 개인적인 돈벌이를 하는 것과는 대조적이었다.

우리나라 관광지가 대부분 그렇다. 경관이 좋은 곳에는 호텔이나 모텔 등 잠잘 곳과 식당 등 유흥가가 자리 잡고 있다. 우리나라도 지형이 좀 후진 곳을 개발하여 관광지로 만들고 풍광이 좋은 지역은 누구나 볼 수 있게 보전되는 관광정책이 필요하지 않을까 싶었다. 관광정책을 다루는 정부나 지방자치단체도 이런 면을 참고하여 반영했으면 하는 바람이다.

우리는 임 주임의 근무처인 동부해안국가풍경구 사무소를 잠깐 들렀다. 동부해안국가풍경구의 소장에게 이 지역 관광정책과 앞으로의 계획에 대해 물어보려고 미리 연락을 해 두었기 때문이다. 그러나 소장은 출장 중이라며 임 주임이 미안하다는 말을 전해 주었다. 우리는 거기에서 친절하고도 상냥한 임 주임과 아쉬운 작별의 손을 흔들었다.

해가 서산을 넘어가기 시작했다. 속히 화롄으로 가야 하기에 송 선생은 운전기사를 재촉했다. 석양빛이 물든 해안 길을 자동차는 빠른 속력으로 달렸다.

해가 거의 넘어가서야 화롄에 도착했다. 우리는 피곤한 여행길에서 벗어나 여장을 풀었다. 내일 스케줄 때문에 일찍 잠을 청했지만 아름다운 해안과 산, 때 묻지 않은 이국의 자연 풍경이 머리에 머물고 있어 쉬 잠이 오지 않았다. 아내도 몸을 뒤척이는 걸 보니 나와 마찬가지인 모양이었다.

동양의 그랜드캐니언 타이루꺼 협곡

타이완 동부 중앙에 위치한 화롄 시는 인구 20만 명의 작은 도시이지만 타이완의 5대 국제항 중의 하나다. 북쪽으로는 쑤아오(타이완 북동부의 이란 현에 있는 항구)로 가는 고속도로가 있고 서쪽에는 타이루꺼(太魯閣) 협곡을 통과하는 중앙 횡단 고속도로가 있다. 화롄은 동부 해안 관광지가 접해 있는 도시로, 타이완에서 대리석 생산지로도 유명하다.

화롄에서 아침을 맞이한 우리는 유명한 관광지인 타이루꺼 협곡으로 향했다. 타이루꺼 협곡은 화롄 시가지에서 별로 멀지 않았다. 협곡 입구에 다다랐다. 사방이 병풍을 세워 놓은 듯한 수직 암벽이 위풍당당한 모습으로 우리를 맞이했다. 우리는 절벽을 보자마자 온몸을 압도당하는 듯 두려움마저 들었다.

그것도 그럴 것이 타이루꺼 풍경구에는 높이 3천 m를 넘는 산봉우리가 27개나 있다. 2천 m를 넘는 산이 없는 우리나라에 비하면 엄청난 고산지대다.

"여기서부터는 도보로 관광하는 것이 좋습니다."

안내를 맡은 송 선생이 차에서 내렸다. 그리고 승용차는 끝 지점에서 기다려 달라고 운전기사에게 부탁하였다.

좁고 경사진 길을 얼마만큼 올랐을까. 이마에 땀이 추적추적 떨어졌다. 수직 암벽은 하늘까지 닿을 듯 뻗어 있고, 길은 꾸불꾸불

그 끝을 알 수 없고, 천 길 낭떠러지인 협곡에는 허연 거품을 문 시퍼런 물이 굽이굽이 흘렀다. 물소리가 공명이 되어 천지가 흔들리는 소리(九曲煙聲)를 냈다. 나는 몇 년 전 미국 동북부에 있는 나이아가라 폭포에 갔을 때 하늘에서 공명을 일으킨 거대한 폭포 음을 떠올렸다. 나이아가라는 막힌 곳이 없지만 여기는 돌 벽에 부딪쳐 나오는 울림 소리였다. 겹겹이 겹쳐진 높은 돌산에 가려 좁아진 하늘이 큰 보자기만 하게 보였다.

어떤 지점에 왔을 때 송 선생이 외쳤다.

"여기에서 허리를 뒤로 젖히고 하늘을 보세요."

나와 아내는 송 선생이 시키는 대로 허리를 뒤로 젖혔다. 사방이 산으로 막힌 사이로 고구마 모양 같기도 하고 타이완 지도 같기도 한 하늘이 나타났다. 이곳에 오는 관광객에게 으레 하늘을 보라고 한단다. 그럴 정도로 깊은 협곡이었다.

주위의 고산들은 대리석과 화강암으로 이루어졌는데, 오랜 세월 침식작용에 의해 거대한 협곡이 되었다. 흐르는 물에 씻기고 갈린 바위는 대리석 특유의 영롱한 색을 띠고 있어 마치 오색 휘황한 조각품 같았다. 이것들은 아름다운 색채뿐만 아니라 모양 또한 신기했다. 어떤 것은 여인의 둔부 같고, 어떤 것은 적당히 부풀은 신부의 가슴 같고, 또 다른 것은 잉어가 용의 문을 향해 가는(魚躍龍門) 것 같았다. 생동감과 부드러운 곡선으로 이어진 모습들이 마치 신의 조각품 같았다. 식물들이 뿌리를 박을 수 없는 단단한 대리석이

타이루꺼 협곡. 협곡을 이룬 산에는 대리석이 많다.

었지만, 그래도 나무들은 이에 적응하며 자라고 있었다.

　용트림하는 구곡(九曲蟠龍)을 보며 '지구 생성의 의미와 자연의 힘이 이렇게 거대한 것인가? 우주의 생명이란 이렇게 끈질긴 것인가? 비단 식물뿐만 아니라 사람도 마찬가지가 아닐까?' 하는 생각을 해 보았다.

　까마득히 보이는 산정에 작은 정자가 있고 계곡을 잇는 출렁다리가 눈에 들어왔다. 이곳 원주민들의 것이란다. 원주민들은 아직도 저런 고산을 다니며 사냥을 한다고 한다. 흑곰, 캥거루 등 산짐승이 많아서 야생동물을 사냥하느라 생긴 부락이 이곳에 79개나 된다고 했다.

세월의 흔적은 그것뿐만 아니었다. 절벽 중간중간에 뚫려 있는 크고 작은 동굴들이 있었다. 이 동굴들은 침식작용에 의해 생겼지만, 제비들의 서식지로 변했다고 한다. 깊은 계곡에서 일어나는 상승기류 때문에 곤충들이 지표에 앉지 못하고 공중에 떠 있는 것을 제비들이 먹이로 잡는다는 것이다. 그래서 제비들은 이 동굴에서 집단으로 서식한다 했다. 이 지방 사람들은 이를 연자구(燕子口)라 했다. 연자라는 말은 우리나라에서도 제비란 말이다. 그런데 '연자구'라는 명칭이 생긴 데는 재미있는 이야기가 있었다.

이 도로를 건설하려고 처음 공사할 때였다. 인부들이 다이너마이트를 터트렸는데 갑자기 하늘이 캄캄해졌다는 것이다. 일하던 사람들 모두가 웬일인가 놀라 하늘을 보니, 폭파 음에 놀란 제비들이 공중으로 날아오르는 것이었다. 그 수가 하도 많아 하늘을 가렸기 때문에 낮인데도 어두워졌던 것이다. 그 후로는 제비들을 위해 폭발물을 터트리지 않았다고 한다.

이곳에서 생산되는 대리석은 품질이 좋아 세계 여러 나라에 수출된다. 그중 상당량이 우리나라로 수출되고 있었다. 또한 여기서 캐는 옥석으로 불상 등 여러 가지 모양의 민예 조각품을 만들어 세계 시장에 팔아 달러를 벌어들이고 있었다. 그것을 보면 타이완은 하늘로부터 복 받은 나라다. 창조주는 이렇게 큰 보석 산을 타이완에 주었으니 말이다. 우리나라는 이런 자원이 없지 않은가.

이 도로는 타이완 동서를 잇는 대동맥으로 도로 자체가 이름난 관광지였다. 장제스 총통 시절에는 공산권과 대립하고 있었다. 미국에서 타이완 동해로 들어오는 군용 물자를 서쪽으로 수송할 통로가 없어 퇴역한 군인들을 동원해 이 길을 닦았다 한다. 어떤 이는 죄수들을 동원했다는 말도 했다. 내 개인적인 생각은 후자가 맞는 것 같았지만 내 의견을 밝힐 수는 없었다.

아무튼 미국에서 들여온 공사용 장비로는 워낙 단단한 대리석을 깨는 데 한계가 있었다. 또한 자연을 해치지 않으려고 인력으로 파내고 실어 내고 만들었다. 절벽에 매달려 정으로 찍고 큰 망치로 부수어 가며 길을 닦았으니 얼마나 힘이 들었을까? 워낙 험준한 난공사라 총연장 19.2km를 공사 기간 3년 9개월 18일 만에 완공했으나 사상자가 702명이나 됐으며, 그중 사망한 사람이 무려 212명이나 됐다고 한다.

나는 도로의 안내판에 적힌 글을 보면서 사람의 능력이 유한한 것인지, 무한한 것인지 의문스러웠다. 동서고금을 막론하고 인류의 역사는 부리는 자와 부림을 당하는 자의 대립이었다. 이 대립에서 희생자들은 대부분 부림을 당하는 쪽이었다. 그러나 국가나 민족을 발전시키는 바탕은 부림을 당하는 자들의 희생의 산물이다.

희생자들의 영혼을 위로하는 붉은 지붕의 제당이 있었다. 내 나라 내 민족은 아니지만 희생된 그들도 이 세상에 태어난 고귀한 생명이라는 의미에서 제당을 향해 고개를 숙였다. 어떤 의미로는 그 희생이 있었기에 후손들이 편히 다니고, 관광지가 되어 돈을 벌어

타이루거 협곡에 있는 폭포. 떨어지는 폭포수가 장관을 이룬다.

들이는 것이 아닐까. 어쩌면 희생자들이 벌어 주는 돈으로 현재 사람들은 잘살고 있다고 해도 과언은 아닌 듯하다. 하지만 희생된 그들은 무엇으로 보상받을 것인가?

제당 가까운 곳에 대리석으로 치장한 다리 하나가 길게 놓여 있었다. 계곡을 가로지르는 전장 77m, 폭 5.1m의 다리였다. 다리에는 자모교(慈母

타이루꺼 협곡에 있는 제당.
공사 중에 사망한 인부들의 영령을 모셨다.

橋)라는 이름이 쓰여 있었다.

도로 공사에 동원된 퇴역 군인의 어머니가 매일 아들의 무사함을 보러 작업장 부근에 왔는데, 어느 날 그 아들은 불의의 사고로 죽었다. 그러나 어머니를 낙심시키지 않으려고 아들의 죽음을 알리지 못한 동료들은 다른 곳에서 일하고 있다고 거짓으로 말했다.

아들을 애타게 기다리던 어머니는 어느 날 아들이 죽은 것을 알게 되었다. 그 소식을 들은 어머니는 이 다리가 있는 자리에서 죽고 만다. 이 사연을 들은 장경국 총통이 그 어머니의 모성애에 감복하여 다리 이름을 자모교라고 지었다.

자식 사랑이 하늘 같은 어머니. 그들의 자식을 생각하는 마음은 동서고금이 따로 없으리라. 이 말을 들은 나 자신도 부모가 있었고 자식이 있었기에 가슴 한구석이 아련해졌다.

우리 일행은 협곡을 뒤로하고 화
렌 시에 있는 대리석 공장에 도착했
다. 마침 우리나라 교포 한 분이 이
공장에 근무하여 대리석 생산 공정
을 둘러볼 수 있었다. 이 대리석 가
공 공장은 원래 개인 소유였으나 규
모를 확장하고 늘어나는 수출량을
감당하기 위해 국가와 합작하여 운
영하고 있었다.

자모교에서의 필자 부부

대리석 공장 옆에 원주민 민속춤을 공연하는 장소가 있었다. 관
광객을 위해 만들었다고 한다. 우리는 식사와 함께 이곳 원주민인
아미족의 전통 무용을 관람했다.

원주민 전통 의복을 입고 머리에는 새털로 만든 모자를 쓴 젊은
남녀들이 추는 춤이었다. 타악기의 리듬에 맞춘 원주민 무용은 자
연과 함께 살아가는 그들의 평화로운 삶과 젊은이들의 사랑이 표
현되고 있었다. 남녀 무용수들이 입은 옷은 화려한 색상이었다.
적, 황, 청이 함께 그려진 옷은 적색은 태양, 황색은 땅, 청색은 바
다를 뜻한다고 했다. 그것은 곧 우주요 자연이었다.

가오슝으로 가는 비행기를 타기 위해 우리는 화렌공항으로 향했
다. 가오슝에서 숙박하고 내일은 일찍 서울행 비행기를 타야 했다.
얼마 뒤, 화렌공항에 도착했다. 나와 아내 그리고 송 선생은 내리

고 2박 3일을 같이하며 운전해 주던 운전기사와 승용차는 타이베이로 돌아가야 했다. 무더운 날씨에도 불평 한마디 없이 무던했던 운전기사, 그리고 장거리를 무사히 달려 준 승용차와 손을 흔들어야 했다.

나와 아내는 가오슝행 비행기에 오르자마자 스르르 눈을 감았다.

가오슝에서의 마지막 밤

가오슝에 도착, 한쉔국제관광호텔((Han-Hsien International Hotel)에 여장을 풀었다.

이 호텔은 5성급 호텔로 가오슝에서 최상급 호텔이었다. 행운권에 호텔 1박을 제공한 스폰서였으므로, 나는 서울을 떠날 때 이호텔 책임자에게 연락을 해 뒀다. 고맙다는 인사를 곁들인 면담을 했으면 좋겠다는 뜻을 밝힌 것이다. 그때 이 호텔의 진시원 협리가 전화를 받았었다.

진시원 협리는 스카이라운지에서 우리를 기다리고 있었다. 협리란 우리나라 직책으로 이사쯤 될 것이다. 마침 진 협리는 서울 조선호텔 행사 시 참가한 분이어서 구면이었다.

나와 아내와 진 협리 그리고 송 선생과 함께 간단한 식사를 하며 이야기를 나누었다. 통역은 물론 송 선생이 했다. 호텔 운영에 대해 물었더니 현재 380개 룸을 가졌고 객실 가동률은 평균 59%이며 그중 유럽인이 30%, 일본인 30%, 나머지는 내국인과 기타 국가란다. 우리나라 사람은 그리 많지 않다고 했다. 하지만 우리나라 사람도 언제든지 환영한다고 했다.

다른 호텔과 운영의 차이점은 팁을 전혀 받지 않는다고 했다. 굳이 주는 경우라면 불우이웃돕기에 사용하고, 일정액 이상의 것은 종업원 복지에 사용하고 있어 모든 종업원이 더 열심히 근무한다고 자랑했다. 사장, 부사장이 요리사 출신이라 음식만은 어느 호텔보다도 자신 있다고 말했다.

나는 56도짜리 고량주 한 잔을 마셨더니 몸이 나른해 왔다. 내일 아침 7시에 이륙하는 비행기 편이 예약되어 있기에 늦어도 6시까지 공항에 도착하려면 일찍 쉬어야 했다. 나와 아내를 위해 응접실이 따로 있는 널찍한 스위트룸이 기다리고 있었다. 말만 들었지 처음 자 보는 스위트룸, 타이완 여행의 마지막 날 밤은 편안한 잠자리를 제공받은 셈이다.

다음 날, 아침 일찍 공항에 도착한 우리에게 송 선생이 도시락을 건네줬다. 가면서 시장할 때 먹으라는 간식이었다. 3박 4일 동안 수족처럼 안내해 준 송 선생과도 이별이다. 작은 성의지만 아이들에게 먹을 것이라도 사 들고 가라며 봉투 하나를 건넸다.

"친절한 송 선생, 언제 또 만났으면 좋겠소. 우리나라에 오는 기회가 있거든 꼭 연락하세요. 건강하고 하는 일 모두 잘되기를 바

한쎈국제관광호텔 입구 조각상

랍니다."

나와 아내는 그가 보이지 않을 때까지 손을 흔들었다. 그도 손을 흔들며 우리를 배웅했다.

탑승한 비행기는 정시에 활주로를 타고 있었다. 높은 산 그리고 넓고 푸른 태평양과 그를 낀 아름다운 해안선이 있고, 태곳적 자연이 그대로 숨 쉬고 있는 땅. 태양과 땅과 바다를 숭상하고 자연의 섭리대로 살아가는 원주민들의 순박한 삶이 있는 곳. 타이완이 멀어져 가고 있었다.

자연인으로 사는 원주민들과 문명이란 그늘 아래 나태와 퇴폐, 그리고 인간성마저 상실해 가는 현대인들과 비교하면 어느 것이 행복할까? 나는 깊은 생각에 젖어 보았다.

여행은 인생을 더듬어 보고 다시 다듬기를 약속하는 도구다. 아내와 함께한 이번 여행은 늘 새로운 것만 얻으려고 노력했던 내 삶의 좌표를 다시 한 번 생각하게 만든 행운 여행이었다.

Chapter 2
타이완 헬빙 여행

세계적으로 이름난 타이완 보양식

여름휴가 하면 파도가 넘실거리는 푸른 바다, 시원한 물줄기가 흐르는 계곡이 먼저 떠올라 가슴이 시원해진다. 그러나 교통 체증, 한꺼번에 몰린 피서객으로 인한 복잡함, 바가지요금 등을 생각하면 스트레스가 더 쌓인다. 어쩌면 스트레스를 훌훌 날리려고 떠난 휴가 길이 초죽음이 되어 돌아오는 경우가 많다.

사람의 몸은 더우면 허약해진다는데, 건강도 챙기고 즐길 수 있는 웰빙 여행지가 없을까?

이럴 때 체질에 맞는 보양식과 아울러 차, 온천, 관광 등을 함께 즐기는 곳이 있다. 바로 타이완 웰빙 관광이다. 타이완에서는 피서 철에 우리나라 관광객을 유치하고자 몸에 좋은 보양식과 함께 관광을 즐길 수 있는 웰빙 투어 카드를 뽑아 들었다.

인천공항에서 고작 2시간 30분 거리, 한류 열풍 때문에 더욱 친숙해진 타이완!

유명 식당의 보양식도 맛보고 따끈한 차를 한잔 음미하고, 온천욕을 즐기고, 전신 마사지를 받고 나면 스트레스로부터의 탈출은 만점이다. 거기에 중국 역대 유물 70여 만 점을 보관하고 있는 세계 4대 박물관인 고궁박물관을 비롯해 중정기념관, 509미터 높이의 101빌딩, 타이베이에서 승용차로 1시간 거리의 예류해양국립공원의 여왕바위 등을 관광할 수 있다.

'사람은 부를 잃으면 조금 잃고, 명예를 잃으면 많이 잃고, 건강을 잃으면 모두 잃는다.'

이 말처럼 제아무리 부와 명예를 가진 사람이라도 건강을 지키는 것이 가장 중요하다.

동양에서는 건강 장수를 위한 보양식이 양명(養命)의 약 또는 보건 약으로 섭생에 도움을 주고 장수하게 하므로 사람들에게 권한다. 타이완에서도 계절과 체질에 알맞은 한약재를 첨가한 보양 요리가 많은데, 그 보양 요리들은 세계적으로 유명하다.

타이베이 지린루(吉林路)에 위치한 어생방(禦生坊)은 13년째 청나라 황실의 약선 요리 전문 식당이다. 안내자를 따라 찾아간 어생방은 4인용 식탁이 겨우 대여섯 개 놓여 있을 뿐이었다. 자자한 소문에 비해 좁고 초라한 식당이었다.

"이 정도의 식당이 청나라 황실의 약선 요리 전문점입니까?"

내가 의아한 표정을 지었다. 그러자 안내자가 웃으며 귀띔해 주었다.

타이완 보양식과 식물을 재료로 만든 음식들

"타이완 사람들은 치장보다 실속을 차리지요."

어생방 약선사 허재왕 씨는 양생 음식점을 운영하기 위해 중국에서 3년간 한약재 다루는 법을 공부한 약초 전문가이기도 하다.

일반적으로 천궁과 복령 같은 한약재를 넣어 만든 천마생선찜과 폐와 가래, 간에 좋다는 산호무침, 수족 냉증에 특효라는 양갈비구이 등 6가지 기본 음식을 내놓는다. 하지만 이중 양생 음식의 으뜸이라는 한약 오골계탕은 한여름 약해지기 쉬운 기를 돋우고 신장 기능을 돕는 데 효험이 좋다고 한다.

타이완에서 건강식 중 색다른 것이 바로 채식 요리다. 타이완만큼 채식 요리가 발달한 나라도 드물다. 음식 재료에는 일절 육류는 사용하지 않고 버섯, 완두콩, 산나물, 당근 등과 같은 채소만으로 쇠고기, 양고기, 돼지고기, 생선회 등의 육류 음식을 만들어 냈다.

모양뿐만 아니라 그 맛도 실물과 착각할 정도였다. 프랑스식 달팽이 요리와 참치회도 뛰어났지만, 특히 생선회는 일본식 겨자 소스에 찍어 먹도록 만들어 놓아 더욱 그러하였다. 타이베이 시내에 이런 식당이 많다.

만두 주머니 속에 육수를 넣은 만두 요리로, 뉴욕타임스가 세계 10대 요릿집으로 꼽았다는 '딘 타이 펑'도 빼놓을 수 없는 곳이다.

서울 명동의 구 중국대사관 옆자리에 '딘 다이 펑' 분점이 있지만 타이베이 본점의 만두 맛을 보는 것도 놓칠 순 없다. 이곳 만두의 특성은 만두 속주머니에 넣은 육수가 흘러나오지 않는다는 것이다. 식당 안은 명성에 비해 크고 넓지는 않지만, 만두를 즐겨하는 식도락들의 줄이 이어져 있다.

또한 타이베이 야시장은 눈과 입을 즐겁게 하는 곳이다. 굴 지짐, 초두부, 찹쌀말이찜, 고기완자 같은 간편한 조리로 된 길거리 음식이 즐비하다. 화시제 야시장에는 손님 앞에서 목을 친 자라로 끓인 자라탕, 뱀탕 같은 조금은 엽기적인 음식들도 만날 수 있다.

차 중 최고의 차, 동방미인차

타이완은 예로부터 차를 재배한 나라로 차의 나라다. 그래서 그런지 타이완 사람들과 차는 불가분의 관계다. 1년 내내 차를 재배할 수 있는 토양과 기후가 있어 좋은 차를 가깝게 접할 수 있고 또 쉽게 구할 수 있기 때문이다. 따끈한 차는 살균, 해독, 병 치료의 효능이 있으며, 특히 그들의 기름진 음식을 중화시키기 때문에 이곳 사람들은 더욱 차를 가깝게 한다.

그것뿐이 아니다. 해산한 여인에게 미역국 대신 닭을 넣은 녹차탕을 먹이는 것을 보면 예로부터 차는 보양뿐만 아니라 약으로도 여겼다. 그래서 타이완에서는 아무리 허름한 식당에 가더라도 깊게 우려낸 따끈한 차를 내놓는다.

차의 종류로는 홍차, 녹차, 오룡차, 백차, 화차, 긴압차 등이 있다. 그중 오룡차(烏龍茶, 우룽차)는 홍차와 녹차의 중간쯤 되는 발효차인데 독특한 차향이 있어 으뜸으로 친다. 오룡차 가운데도 '동방미인'이라 불리는 차는 극상품이다.

약 100년 전 영국 상인이 빅토리아 여왕에게 이 차를 헌상하였다. 여왕은 그 색과 맛에 감탄하며 풍미가 미인 같고 생산된 곳이 동방의 포르모자이기에 '동방미인차(東方美人茶)'라고 불렀단다.

동방미인차는 차나무에 농약을 전혀 치지 않으므로 벌레가 많이 낀다. 차 벌레인 부전자(浮塵子)로 인해 시들고 마르는 찻잎을 채취하여 만든다. 말하자면 자연 생태적 소산이다. 부전자의 침이 묻은 찻잎이래야 차 맛이 제대로 난다고 한다. 하지만 부전자가 지나간 차밭은 수확량이 20% 정도로 줄어든다. 이렇게 완성된 차는 녹, 백, 홍, 황, 갈색 즉 오색이 모두 드러나며 차 탕도 호박색을 띠고, 맛은 잘 익은 과일 향과 벌꿀 향을 함께 낸다. 이런 이유로 가격도 일반 찻값보다 몇 배 비싸다.

타이완 사람들은 차를 마시며 담소하는 것을 좋아한다. 이를 얌차 문화라고 하는데, 간단한 간식이나 과자를 곁들인다. 타이완에서 얌차를 즐기기 적당한 곳은 핑린(坪林)을 꼽을 수 있다. 핑린은 차 경작지로 타이완 4대 차 중 하나인 원산빠오종의 원산지다.

국가에서 운영하는 핑린차박물관(坪林茶業博物館)을 방문하면

고금의 중국 및 타이완 차의 정보를 얻을 수 있으며 좋은 차와 다구들을 구입할 수도 있다. 타이완에서는 매년 차 경진 대회를 하는데 지난해 우승한 차는 1근에 우리 돈으로 7000만 원에 팔렸다고 한다.

차박물관 임월령(林月玲) 관장이 정성껏 끓인 차와 다과를 내놓으며 말했다.

"좋은 차를 오래 마시면 108세까지 수명할 수 있습니다."

그래서 그런지 관장은 나이에 비해 훨씬 젊어 보이고 피부가 고왔다.

타이베이 시내에는 얌차를 즐길 수 있는 차예관이 많다. 그중 경독원서향차방은 직접 차를 마시며 담소를 나눌 수 있는 곳이다. 맑은 물이 흐르는 작은 도랑과 꽃과 나무가 잘 어울리는 타이완 전통

타이완 아리산 차 재배지와 차를 따는 모습

임월령 관장이 차에 대한 설명을 하고 있다.

양식의 정원이 있어 고풍스러운 분위기다. 여기에서는 향기 짙은 차와 차를 이용해 만든 과자를 함께 내놓는다.

차는 우려내는 시간과 온도에 따라 맛과 향이 달라지기 때문에 좋은 차를 만드는 데는 전문가가 필요하다는 것이 차예관의 설명이다.

핑린차박물관이 고풍스러운 분위기라면 경독원서향차방은 현대 감각을 다소 가미한 세련된 얌차 문화를 경험할 수 있는 곳이다.

수질 좋은 온천 천국 타이완

타이완은 환태평양 지진대에 위치한 섬으로 풍부한 지열 자원을 가지고 있다. 냉온천과 열온천, 탁온천, 해저 온천 등 100여 곳의 온천 지대가 있어서 타이완은 온천 천국이라 해도 과언이 아니다. 타이완 온천 지대는 대부분 깊은 산속에 있어 온천욕을 하면서 수려한 자연경관을 함께 즐길 수 있다. 수질은 유황천으로부터 마그네슘, 나트륨, 칼륨, 칼슘 등 광물질이 포함된 탄산성 수질까지 다양하다.

온천욕은 양생이나 병의 치료 등 온천수의 효능을 이용해 휴식과 건강이라는 2가지 목적을 이룰 수 있다. 더욱이 혈액순환 촉진 및 피로 회복 기능이 있어 이를 경험하려는 이들의 발걸음이 끊이지 않는다.

타이베이 근교에 있는 우라이온천(烏來溫泉) 지역은 탄산수소나트륨 수질로서 무색투명하며 냄새도 나지 않는다. 이 일대는 온천 관광객이 많

광천 냉천탕. 사이다 같은 탄산가스가 올라온다.

아 최신 설비를 갖춘 온천 호텔들이 많다. 이곳은 원주민 타얄족이 살던 곳으로 원주민 특유의 음식도 맛볼 수 있으며 수공예품도 구입할 수 있다. 특이한 수질이 있는 온천 지역은 타이베이에서 자동차로 1시간 정도 떨어진 이란(宜蘭) 지역이다. 이곳은 냉천이 유명하다. 특히 상공회의소에서 운영하는 냉천 휴양지는 가격이 저렴하고 대중탕과 개인 탕을 취향에 따라 고를 수 있다. 냉천은 약 22도의 서늘한 수온으로 기포가 있는 탄천수를 이용한다. 물에 몸을 담그면 기포의 움직임이 활발해지면서 몸이 따끔거린다. 물이 차다고 느껴지면 더운물을 이용할 수 있으나 되도록이면 참는 것이 좋다고 한다. 15분 정도 지나면 기포의 자극으로 몸이 따끈해진다. 특히 이곳에서 탄천수로 재배한 파와 탄천수 사이다가 유명하다. 달콤하고 톡 쏘는 사이다는 우리나라 일화생수 같은 느낌이다. 온천을 즐기고 난 후 발 마사지를 받으면 몸이 날아갈 듯 가볍다.

시각 장애 안마사를 관광과 연계하다

이 내용은 타이완 정부에서 외국 관광객을 겨냥한 '경혈안마체험활동(대회)'의 현장 모습을 취재한 것이다.

타이완 수도 타이베이에 있는 대만종합대학 실내 체육관 앞에 많은 사람들이 줄 서 있었다. 이들은 세계 여러 나라에서 온 사람들이었다. 우리나라 말을 하는 사람들도 있었고, 중국이나 일본, 서양 사람들도 눈에 띄었다. 그들은 모두 대만식 경혈안마를 체험하려는 것이다.

체육관 출입구 앞에는 푸른색 또는 붉은색 티셔츠를 입은 젊은 남녀들이 "어서 오세요." 고개 숙여 인사를 하며 장내 입장을 도왔다.

체육관 실내에는 수백 개의 의자가 적당한 간격으로 놓여 있었다. 먼저 입장한 사람들이 입구에서 나누어 준 푸른색, 붉은색 티셔츠를 걸치고 의자에 앉았다. 한 30분 정도 시간이 흘렀을까? 300

여 개 남짓한 의자는 물론이고 실내 체육관은 사람들로 꽉 찼다.

무대 위에서는 대만 고유의 경쾌한 음악과 함께 현란한 전통 의상을 입은 여자아이들이 전통춤을 추었다. 곧이어 자색 윗도리를 입은 시각 장애 안마사 몇백 명이 줄을 지어 나왔다. 그들은 입장객 한 사람 한 사람을 찾아 가벼운 인사를 건넸다. 그리고 경혈안마를 시작했다.

그들은 팔과 목을 주무르고 등허리를 강하게 또는 약하게 누르고 쥐어짜기도 했다. 아프더라도 싫지 않은 아픔이었다. 어쩌면 열탕의 뜨거움을 참으며 시원하다고 하는 것처럼 비명이 아니라 호명이었다. 그런 것이 1시간 동안이나 계속됐다.

"안마를 받은 느낌이 어떠세요?"

장내 아나운서가 안마 서비스를 받은 외국 관광객들에게 물어보았다. 중국에서 온 관광객, 미국에서 온 관광객 등은 흡족하다고 대답했다. 그중 우리나라에서 온 단체 관광객인 40대 중반으로 보이는 여자가 말했다.

"며칠 동안 좋은 경치를 보고 좋은 음식을 먹고, 대만 문화를 느끼는 관광이 즐거웠어요. 관광 마지막 무렵에 이런 전신 경혈안마를 받으니 그동안의 피로가 확 가시고 몸이 가벼워지는 것 같아요. 무척 좋아요. 타이완 관광 또 오고 싶어요."

이렇게 외국 관광객을 겨냥한 경혈안마 경험활동은 참가자들의 호응 속에 만족스럽게 마무리되었다.

동양의학에서 경혈이란 체표에서 몸의 내부에 자극을 전달하는 곳이다. 경락이란 인체 내 에너지가 흐르는 통로로서 경(經)은 세로의 흐름이고 락(絡)은 가로의 흐름을 뜻한다.

대만을 방문한 여행객이 마사지를 받고 있다.

안마란 우리 몸의 경락과 경혈 자리에 적당한 자극을 주어 체내 에너지의 흐름을 도와 오장육부의 기능을 높이는 일종의 자연 양생 수단이다.

안마의 역사는 언제 어디서 출발했는지는 모른다. 하지만 아주 오래전에 인간의 생명이 태어난 후부터가 아닐까 싶다. 기후나 생활의 변화 즉 바람 불고, 습하고, 덥고, 추운 환경에 따라 몸의 변화가 제대로 따라주지 않아 병이 생겼을 때부터일 것이다. 인간은 환경 변화의 대비책으로 문지르고 비비는 습관이 생겨났다. 이런 생활을 오래 거치면서 체계적인 기술과 기법이 생긴 것이다. 그중 하나가 경혈안마다. 이는 오랜 역사를 지닌 특유의 질병 치료 수단이며 동양의학 중 기혈학설·장부학설·경락학설을 기초한 이론이다.

마사지는 전신을 편안하게 할 뿐 아니라, 온몸이 이완되는 가운데 휴식을 찾게 하는 목적으로 이용된다. 적당한 마사지는 인체 면역 기능 향상, 긴장 완화, 심신 안정 촉진, 피로 회복, 근육 이완

대만대학교 체육관에서 열린 경혈안마 체험 현장

등 전신에 안정을 줌으로써 상쾌하고 편안한 이완 작용을 주는 것이다.

또 소화기능 강화, 흡수 배출 기능 향상, 혈액 순환을 도와 심장의 부담을 줄여 주어 심혈관 질환 예방에 효과가 있다. 관절을 유연하게 해 주고, 부종 및 통증 완화에 효과가 있다. 내분비계통 및 생식기능 향상에 뛰어난 효과가 있어 성기능 강화를 돕는 작용을 한다. 체중 조절 효과로 표준 체중을 유지하고 혈압을 낮춰 준다.

이렇듯 인체의 중요 혈도를 골라 지속적으로 마사지해 주면 포괄적인 건강관리를 가능하게 해 건강한 신체를 유지할 수 있도록 해 준다고 동양의학은 전한다.

타이완은 정부에서 시각장애우들을 전문적인 안마 교육을 수료케 한 후, 관광업에 종사케 하는 복지 정책에 관심을 두고 있다. 안마 교육을 받은 안마사들은 대만 전역에 산재되어 있는 200여 곳의 마사지 업체에 고용되어 있다. 타이완 정부는 시각장애우의 생계를 위한 일자리 창출과 아울러 관광객을 유치하는 일석이조의 효과를 거두는 것이다.

타이완 고속철 앞의 필자

이는 상당수의 경혈 지압사들이 안마 시술소를 차려 놓고 음성적인 퇴폐 행위를 조장해 사회의 지탄을 받는 우리나라와는 대조적이다.

필자가 대만 '2009경혈 안마체험'을 보고 난 소감은 관광자원은 세월 따라 변한다는 것이었다. 보는 관광에서 체험 관광으로 바뀌고 있었다. 그러므로 먹는 것, 쇼핑, 체험, 건강을 찾는 웰빙 관광 등 관광객의 끝없는 요구를 충족해야 선진 관광국으로 성장할 수 있다는 것이다.

관광의 소재는 따로 있는 것이 아니다. 사람이 생활하는 것 모두가 그 지역의 고유문화와 접목했을 때 훌륭한 관광자원이 되는 것이다.

우리 정부도 관광산업은 '저탄소 고부가가치 미래 성장산업'이라는 깃발을 들었다. 이런 변화를 따르기 위해 정부, 민간 각계각층에서 새로운 아이디어 창출과 이에 따른 다각적인 노력이 필요하다.